高等教育艺术设计类新形态教材

产品改良设计

主　编　邓　威
副主编　周莉莉　何飞祥
参　编　李青勇　梁志亮

北京理工大学出版社
BEIJING INSTITUTE OF TECHNOLOGY PRESS

内容提要

本书系统介绍了当代产品改良设计的方法、路径，涉及产品改良开发的各个要素，涵盖了从设计规划、用户需求的探究、产品拆解与采样、竞品分析、产品改良设计策略等各个方面，以大量的商业设计案例阐述了理论和实践方法的关键衔接环节，从而使工业设计初学者或者设计从业者能够在商业背景下，有效学习产品改良设计，创造性地解决产品开发的问题。

本书可作为工业设计和产品设计专业学生的专业课教材，也可供对设计有兴趣的读者阅读。

版权专有　侵权必究

图书在版编目（CIP）数据

产品改良设计 / 邓威主编. —北京：北京理工大学出版社，2020.8（2020.12重印）
ISBN 978-7-5682-8980-1

Ⅰ.①产… Ⅱ.①邓… Ⅲ.①工业产品－产品设计　Ⅳ.①TB472

中国版本图书馆CIP数据核字（2020）第163543号

出版发行 / 北京理工大学出版社有限责任公司
社　　址 / 北京市海淀区中关村南大街5号
邮　　编 / 100081
电　　话 /（010）68914775（总编室）
　　　　　（010）82562903（教材售后服务热线）
　　　　　（010）68948351（其他图书服务热线）
网　　址 / http://www.bitpress.com.cn
经　　销 / 全国各地新华书店
印　　刷 / 河北鑫彩博图印刷有限公司
开　　本 / 889毫米×1194毫米　1/16
印　　张 / 7
字　　数 / 172千字
版　　次 / 2020年8月第1版　2020年12月第2次印刷
定　　价 / 49.00元

责任编辑 / 江　立
文案编辑 / 江　立
责任校对 / 周瑞红
责任印制 / 边心超

图书出现印装质量问题，请拨打售后服务热线，本社负责调换

前 言
PREFACE

近些年来，我国的设计教育改革大步向前。在粤港澳大湾区的产业发展加持下，广东省的设计教育蓬勃发展，校企合作、协同育人模式逐步深化，但是现有的专业课程教材应用性较弱，已经不能满足企业、行业对应用型人才培养的需求。本书就是基于此，在与珠三角企业群进行深度合作共建校企课程后，整理出来的一本可操作性强、适合应用型本科院校教学的教材。本书最终能够付诸出版，编者感触良多的是本书编写不仅是一项工作的终结或者结果，还是对自己10余年教学经验和校企合作资料总结的全过程。在教学过程中面临的最大考验是教材的可操作性及其与学生未来职业岗位能力需求的关联。特别是在与珠三角很多中小企业合作过程中，企业的设计案例不可能涉及产品从调研到生产销售的每个环节，但是能为一线教师和学生提供教学示范和模式引导。为了增强教材的可读性和应用性，在编写时，我们特地邀请了珠三角设计公司、课外教学机构和生产制造型企业，从不同角度甄选相关案例，甚至融入设计公司的核心培训内容，以期拓宽学生的设计视野和提高学生的设计能力。在此，感谢所有给予编者帮助的企业家、老师和同学们。

感谢深圳技术大学应用型办学方针指引，特别是教务处的产品设计与制造校企合作共建课程项目和出版资助项目的协助，编者才能有信心迈出教材编写的第一步。

感谢郑州经贸学院的周莉莉副教授，其长期在一线的设计教育工作经验，给本书提供了非常有价值的教学案例。

感谢校企合作伙伴云尚教育的创始人何飞祥先生，提供了非常优秀翔实的拆解案例，你的工匠精神值得每一位设计专业同人学习。

感谢广州市原子设计有限公司总经理梁志亮先生，无私地提供了设计行业的相关设计案例，让编者认识到设计工作岗位中的典型工作任务和实践运用。

感谢深圳市嘉尔兴科技有限公司李青勇总经理，多次给编者提供设计项目可行性咨询，让编者体会到在商业环境下，设计实践创新、生产工艺、成本之间的具体关系和意义。

感谢深圳市西西艾创新科技有限公司耳机项目团队、佛山惠美庄九殿电器空气净化器项目团队、东莞市耀邦实业有限公司滑雪镜项目团队，你们提供的校企横向项目让编者领悟到企业多元化发展与设计在企业中的战略规划作用。

本书提供配套教学资源包，请关注公众号"建艺通"，输入"产品改良设计"，下载使用。

由于编者水平有限，书中难免存在疏漏欠妥或不当之处，敬请读者指正，以期在今后再版时予以充实和提高。

编　者

"建艺通"微信公众号

目 录 CONTENTS

第 1 章　导论
1.1　产品改良设计概述 // 1
1.2　改良与创新 // 2

第 2 章　设计规划
2.1　定位项目特征 // 8
2.2　制定开发流程图 // 10

第 3 章　产品信息采样
3.1　产品外观采样 // 14
3.2　产品色彩采集构成的方法 // 22
3.3　原有产品材料与表面加工工艺采样 // 27
3.4　产品功能采样 // 30
3.5　原有产品操作方式采样 // 35

第 4 章　产品改良策略
4.1　产品市场特征分析 // 41
4.2　产品改观性设计 // 57
4.3　产品改进性设计 // 72

第 5 章　案例分析
5.1　小米红外遥控器拆机报告 // 81
5.2　充电器的改良设计 // 86
5.3　壁炉控制器的改良设计 // 88
5.4　机顶盒的改良设计 // 89
5.5　电动搓澡仪的改良设计 // 91
5.6　儿童背包的改良设计 // 94
5.7　婴儿手推车扶手空气净化器的改良设计 // 99
5.8　中频治疗仪的改良设计 // 103

参考文献

第1章 导论

1.1 产品改良设计概述

产品改良设计是工业设计专业学生就业的必备技能，是以产品为基础，以创造性思维为动力，以用户调研为手段，以消费者需求为依据的一门主要作用于产品更新的系统方法课程。课程任务在于使学生系统地了解产品改良设计中的各个要素和制约条件，掌握用户调研、需求整理、价值分析、功能改良、功能评价、用户测试等一整套系统方法和产品设计程序。产品设计要对产品的形成和使用过程中的诸多相关因素进行综合考虑，以满足消费者对物质功能和审美情趣的要求，体现设计师对社会的责任。产品改良设计课程一般通过具体的课题，使学生掌握正确的设计观念、设计创新方法和包括计划、调研、构思、分析、表达以及评价在内的整个设计流程，并培养学生的团队协作能力。

产品改良设计是对原有传统产品进行优化、充实和改进的再开发设计。产品改良设计应该从考察、分析与认识现有产品的基础平台出发，对产品的"缺点""优点"进行客观的、全面的分析判断，对现有产品进行改观性设计或增加较为重要的功能进行改进性设计，通过创新并进行深度用户需求调研，对产品过去、现在与将来的使用环境与使用条件进行区别分析。为了使这一分析判断过程更具有条理性，通常采用"产品部位部件功能效果分析"设计方法，先将产品整体分解，然后对各个部位或零件分别进行测绘分析，在局部分析认识的基础上再进行整体的系统分析。因为每一个产品的形成，都与特定的时间、环境以及使用者和使用方式等条件因素有关，所以做系统分析时要将上述因素加入一并考虑。图1-1所示为进行产品设计时的工作场景。

产品改良设计是一种针对人的潜在需求的设计，是创新设计的重要组成部分。在当今商业社会的产品迭代过程中，它是工业设计师研究的重要课题。图1-2所示为产品改良设计的实例。

图 1-1　产品设计工作场景

图 1-2　红点奖创意沐浴水龙头设计

1.2　改良与创新

1.2.1　产品设计改良

1. 改良的定义

改良的定义，可以理解为去掉事物的某些缺点，使它更符合要求。产品改良设计是对原有产品进行优化、充实、改进的再开发设计。

2. 改良的形式

产品改良形式也称为"产品再推出"形式，即将产品的某一部分给予显著变革，以便吸引新顾客、维持老顾客的营销策略。产品改良最好的办法就是对产品整体概念的不同层次进行调整，进一步提高产品质量，进行产品多功能开发，创造新的产品特色，扩大产品的多功能性、安全性和便利性，增加产品的使用价值。

（1）品质改良。品质改良有两方面的含义，一是指提高产品的耐久性、可靠性、安全性等，如洗衣机制造商把普通洗衣机改为漂洗、甩干多功能的自动、半自动洗衣机等；二是指将产品从低档上升为高档，或从高档变为低档。例如，原来面向高收入消费者的产品，可以选用较低质量的材料，使之变为低档产品而寻求新的市场；原来面向一般消费者的产品，也可以选用高级原料，使之变为高档产品而重新受到欢迎。这种策略既能延长成熟期，又能提高产品的竞争力。

（2）特性改良。特性改良是指增加产品的特性（如大小、质量、材料、附加物等），以此扩大产品的多方面适用性，提高其安全性，使之更方便实用。例如，某机械厂给手扶割草机加装动力装置，使割草机加速了割草速度；而后又进行操作方面的改进，使之便于操作；后来有的制造商又在工程技术上设计出更具有安全特性的产品；最后一些制造商又为该机器增加了具有转化作用的特性，使割草机又可作扫雪机。这种策略花费少、收益大，能为企业树立进步和领先的企业形象，但是易被模仿，故只有率先革新才能获利。

（3）式样改良。式样改良是指基于美学欣赏观念而进行款式、外观及形态的改良，形成新规格、新花色的产品，从而刺激消费者，引起新的需求。例如，电子表制造商将电子表机芯装在项链上变为项链电子表，装在圆珠笔上变为电子表圆珠笔等，这样使电子表销售一直处于成熟期；再如甲壳虫汽车的式样改良，如图 1-3 所示。

图 1-3　甲壳虫汽车式样改良设计

（4）附加产品改良。附加产品改良是指向消费者提供良好服务、优惠条件、技术咨询、质量保证、消费指导等。例如，有家化学公司专门向肥料制造商提供一种原料。当这种原料到达成熟期时，他们经过全国性的调查发现，许多肥料制造商在原料运输和产成品销售方面存在一系列困难，于是他们设立了咨询服务部门，免费为肥料制造商提供各项服务，并且印刷小册子，提供解决难题的基本知识和技巧。由于他们的服务为肥料制造商带来了附加利益，肥料制造商大量购买，使化学公司的原料销售额直线上升，出现了销售的又一高峰，成熟期得以延续。

美国一家咨询公司在调查中发现，顾客从一家企业转向另一家企业，70% 的原因是服务。他们认为，企业员工怠慢了一个顾客，就会影响 40 名潜在顾客。"在竞争焦点上，服务因素已逐步取代产品质量和价格，世界经济已进入服务经济时代。"正是基于这样的认识，美国 IBM 公司公开表示自己不是计算机制造商，而是服务性公司。该公司总裁说："IBM并不卖计算机，而是卖服务。"

3. 改良的类型

改良的类型可以分为改观型和改进型两种。

（1）改观型。改观型是指造型与CMF优化，适用于中小企业的短平快产品设计项目。改观通俗点说就是改变产品的外观，可分为形态的改变、材料工艺的改变以及色彩的更新三种。

形态的改变有添加法和减少法。添加法，即在产品表面增加内容，从而达到提升产品质感、使产品产生差异，达到改良产品的要求，这样在增加少量成本的前提下，修正少量功能，也给消费者整体焕然一新的感觉。减少法，即在产品表面进行减法操作的方法。通过对产品表面进行细微的挖空或者分割操作，使产品表面的细节更加丰富，一方面符合差异化的改良产品要求，另一方面使产品显得更加精致、成熟。例如，黑莓手机后壳的改良设计（图1-4），突显产品品质，深受大众喜爱。

材料工艺的改变就是改变产品的材料或者表面工艺来满足不同的审美需求。

色彩的更新就是为同一产品生产不同颜色。

因为大多数企业不具备行业领先的实力，所以经常采取紧随策略，就必然会对产品进行改良设计，在控制成本和不增加功能的前提下给产品带来丰富的变化，可以增强产品表面的质感，提升产品的档次，从而增加产品的附加值。

（2）改进型。改进型带有功能改进、人机优化和工艺优化等研发性质，适用于有实力的企业和优化产品需求。改进型新产品是指在原有老产品的基础上进行改进，使产品在结构、功能、品质、花色、款式及包装上具有新的特点和新的突破，改进后的新产品，其结构更加合理、功能更加齐全、品质更加优质，能更多地满足消费者不断变化的需要。如烧烤架的改良设计（图1-5），其便捷式的折叠结构，方便消费者野外就餐。改进型新产品的开发也具有重要意义。一般来说，一个全新产品从构思到投入市场需要相当长的时间，企业需要为此承担很大的风险。因此，尽管新产品是市场中的佼佼者，但它毕竟是少数，而更多推向市场的产品都是在已有老产品基础上，不断改进、完善、提高而开发出的新产品。

图1-4 黑莓手机改良设计

图1-5 改进型烧烤架设计

改进型新产品的开发在世界各国都非常普遍，它对像我国这样的发展中国家来说尤其重要。目前，我国已告别了计划经济时代，步入了社会主义市场经济时代，那种在计划经济时代形成的产品单一、结构不合理、技术含量不高、市场竞争力不强，几十年一贯制的老产品和产品开发技术，已明显不能适应当今迅速变化的市场需求和日益激烈的竞争要求，各制造企业迫切需要以新产品的创新开发为核心来带动企业组织结构、产品结构和产业结构的调整与再造，以创新求生存、求发展，从根本上改变经济增长方式。因此，国内众多的制造企业已开始从单一的引进、消化、吸收国外新产品的设计和工艺再国产化，向逐步改型自主开发和全新自主开发方向发展；新产品开发已从劳动密集型向技术密集型转变，从低技术含量向高技术含量转变，从低附加值向高附加值转变。

1.2.2　产品设计创新

1．创新的定义

一般而言，"创新"是指创造和发现新东西。如人类学界一般认为，创新是文化变迁的基础，霍默·G．巴尼特在《创新：文化变迁的基础》中说："创新"是指在实质上不同于现有形式的任何新思想、新行为或新事物。不过，巴尼特还认为，"发明"和"创新"可当作同义语使用。可见，"创新"的含义较广，既包括人类社会和文化的革新与改造，也包括科学与技术的发现和发明。

拓展资料：为环保而设计

创新是指以根据现有的思维模式提出有别于常规或常人思路的见解为导向，利用现有的知识和物质，在特定的环境中，本着理想化需要或为满足社会需求，而改进或创造新的事物、方法、元素、路径、环境，并能获得一定有益效果的行为。创新是以新思维、新发明和新描述为特征的一种概念化过程。创新是人类特有的认识能力和实践能力，是人类主观能动性的高级表现形式，是推动民族进步和社会发展的不竭动力。图1-6所示为核桃钳创新设计实例。

图1-6　核桃钳创新设计

一个民族要想走在时代前列，就一刻也不能没有理论思维，一刻也不能停止理论创新。创新在经济、商业、技术、社会学以及建筑学这些领域的研究中有着举足轻重的分量。

2. 创新思维

创新思维是指以新颖独特的方法解决问题的思维过程，通过这种思维能突破常规思维的界限，以超常规甚至反常规的方法、视角去思考问题，提出与众不同的解决方案，从而产生新颖的、独到的、有社会意义的思维成果。图1-7是创新思维啤酒杯设计实例。

图1-7 创新思维啤酒杯设计

300多年前，英国伦敦的郊区有一个人叫霍布森。他养了很多马，高马、矮马、花马、肥马、瘦马都有。他就对来的人说，你们挑我的马吧，可以选大的、小的、肥的，也可以租马、买马。大家非常高兴地去选马了，但是整个马圈旁边只有个很小的洞门，如果选大的马是出不来的。后来诺贝尔奖获得者西蒙就把这种现象叫作霍布森选择。就是说，你的思维、你的境界只有这么大，没有打开，没有上层次，思维封闭。那怎么办呢？我们要采取多向思维法，打开思维。第一，顺向思维。顺向思维就是按照逻辑、按照规律、按照常规去推导。第二，逆向思维，也叫作反向思维，倒过来思维。1959年美国著名的物理学家费曼做了个报告，叫作《在底部还有很大的空间》。我们从小接受过铁棒磨成针的教育，即是把大的物件加工或拆分成小的。费曼就提出把很小的东西加工成大件，将思维完全倒过来。20世纪80年代出现的纳米技术，就是根据费曼设想而来的。

创新思维遵循从发散到收敛的过程，它是从感性思维到理性思维不断转换的过程。设计发散过程属于感性思维，其常用的创新方法有形态分析法、检核表法、TRIZ理论等。设计收敛过程属于理性思维，常用的产品评价方法包括雷达图法、权重评分法等，利用这些评价方法先在多个设计草案中选出最优方案进行深化设计，深化设计包括产品形态设计、色彩设计和细节效果图设计；再通过制作模型进行用户测试，并记录用户反馈意见，作为设计进一步改进的方向。

3. 创新的类型

创新有很多类型，如产品技术创新、产品设计创新、产品工艺创新，这些可以统称为产品创新。这里的产品是指广义上的产品，还包括服务。此外，创新的类型还有营销创新、管理创新和商业模式创新。

产品创新是指将新产品种类、新产品技术、新产品工艺、新产品设计成功地引入市场，以实现商业价值。产品创新通常包括技术上的创新，但是产品创新不限于技术创新，因为新材料、新工艺、现有技术的组合和应用都可以实现产品创新。

营销创新是指在产品推向市场阶段，基于现有的核心产品，针对市场定位、整体产品、渠道策略、营销传播沟通（品牌、广告、公关和促销等），为取得最大化的市场效果所进行的创新活动。

管理创新是指基于新的管理思想、管理原则和管理方法，改变企业的管理流程、业务运作流程和组织形式。企业的管理流程主要包括战略规划、资本预算、项目管理、绩效评估、内部沟通、知识管理。企业的业务运作流程有产品开发、生产、后勤、采购和客户服务等。通过管理创新，企业可以解决企业面临的管理问题，降低成本和费用，提高效率，增加客户满意度和忠诚度。

商业模式创新，就是要对现有商业模式的要素加以改变，最终使企业在为顾客提供价值方面有更好的业绩表现。商业模式是指对企业如何运作的描述。好的商业模式应该能够回答这几个问题：谁是客户？客户认为什么对他们最有价值？在这个生意中如何赚钱？如何才能以合适的成本为客户提供价值？

以苹果公司 iPod 产品为例（图 1-8）：苹果公司应该说是 MP3 播放器市场的后辈，然而苹果除了提供不俗的 MP3 播放器产品以外，还成功地构建了企业的经济生态系统。在推出硬件的同时，苹果公司还联合唱片公司等内容提供商，配合 iTunes 软件推出了便宜、便捷的音乐下载服务。用户可以选择下载音乐专辑中的单曲，而无须为整张专辑付费。苹果公司没有重新发明 MP3，但依靠商业模式创新，在美国市场取得了巨大的成功。

图 1-8　第五代 iPod nano

这几种创新类型是密切相关、相辅相成的。产品技术创新、产品设计创新、产品工艺创新、营销创新、管理创新和商业模式创新，所有这些创新类型在某种意义上都可以成为实现企业目标、解决企业问题的工具。

设计规划 | 第 2 章

一个产品的项目开发具有很大风险，企业在初创之时，迫切需要在最短的开发周期里用最少的投资成本开发出高质量的产品。好的设计项目开发规划能够通过运用科学的开发工具图表，来预测产品的开发周期和成本，并帮助企业创建高质量的商业产品。本章将提供一些基础的工具，帮助读者组织一个产品设计项目，同时还提供一些通用的规划程序和方法。

2.1 定位项目特征

在开始进行产品开发前需要对项目进行系统的评估和描述，清晰定位项目特征，明确项目任务和目标，以提高产品开发的效率。工业设计的这一环节会关乎整个项目的进度，进而决定项目的成败，在商业社会的产品开发中至关重要。

2.1.1 改良项目背景描述

设计团队接手项目后，首先，要了解基本设计需求，并在项目开始前了解甲方即项目的委托方的公司简介、品牌个性和理念等，这样能有效提高设计的针对性，有利于项目的效率提高；其次，还需要了解该项目产品的发展背景，有利于对项目的精准定位和深度设计；最后，要对产品的功能和特色进行关键词描述，方便项目团队更直观、快捷地了解产品工业设计背景。如下文案是一款空气净化器产品的项目背景描述。

1．产品公司简介、品牌个性和理念

客户是坐落在佛山的一家中小企业，拥有家电生产研发能力，看到空气净化器的商机，初步建立了××空气净化器品牌。有汽车 4S 店渠道和其他礼品市场分销渠道，希望打造好而不贵的小资品牌，目前无明确的产品风格。希望打造两类产品，分别是车载空气净化器和家庭落地式空气净化器。采用市场主流的过滤技术，定位在中端市场。希望通过企业现有的渠道进行产品分销，产品颜值和性价比要兼顾。

2．产品发展背景

该款产品是时下热门的空气净化器。由于空气质量逐步恶化，天气预报中加入了 PM 值。人们对身体健康特别是呼吸空气健康持续关注，大量的使用场景需要空气净化器，比如医院、母婴卧室、车载空间。

3．产品功能和特色

该款产品功能是净化密闭空间空气，提供优质舒适的空间。产品的技术简单，通过过滤层耗材过滤掉空气中的有害物质，如甲醛、苯及 PM2.5 大颗粒。主要靠工业设计外观造型驱动产品，附加值高。

除以上背景描述外，通常设计方还要明确项目设计中最具挑战的因素，为项目规划合理分配时间和制订计划。

2.1.2　改良对象设计要素

在产品改良设计项目中，客户会有明确的设计倾向和需求，设计方必须跳出专业思维，进行有针对性的和策略性的设计。比如在手机壳设计中，客户明确了对手机壳的喷绘图案的设计，后期设计团队需要把精力放在喷涂工艺的调研和图案风格以及配色的设计上。如图 2-1 所示的手机壳项目设计，主要在于图案的丝印设计，所以需要去了解图案的喷涂工艺是热转印还是 IMD 工艺，这样能够有效界定图案设计范围和效果。如图 2-2 所示的手机皮套项目设计，需要关注皮套收纳结构设计，皮套的纹理和车线油边工艺，以及整体颜色设计。

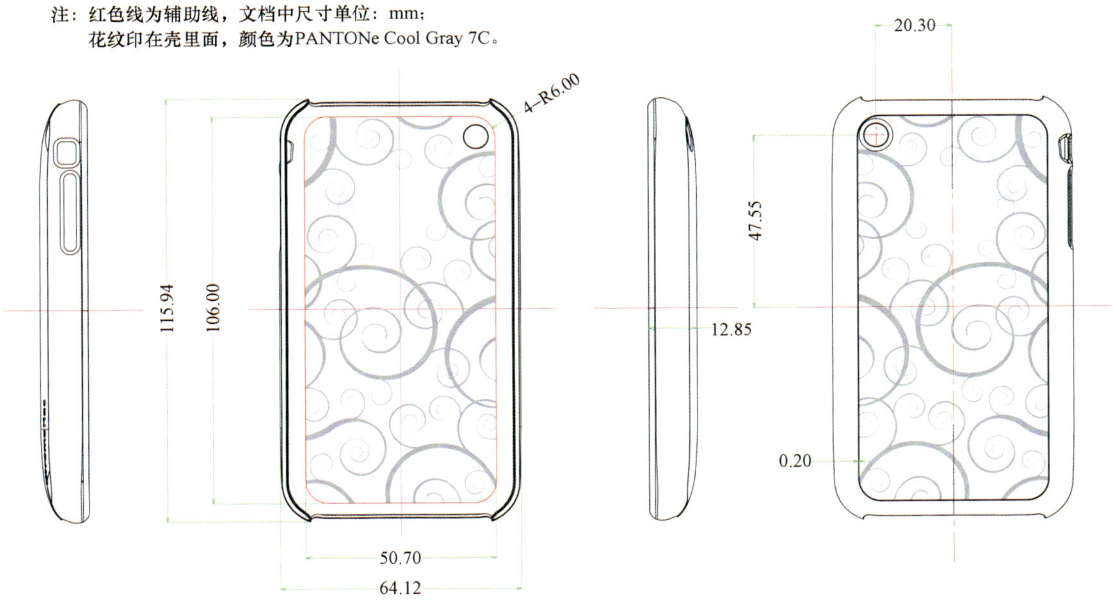

图 2-1　iPhone 3GS 手机壳设计

图 2-2　iPhone 3GS 手机皮套创新设计

图 2-3 iPhone 4 手机壳设计

如图 2-3 所示的手机壳项目设计，根据手机特征，图案可设计范围增大了，采用 IMD 工艺，主要基于图案进行设计。

2.2 制定开发流程图

一个项目除了要精准了解客户需求外，还要精准了解开发周期，必须在规定时间，根据客户需求制定高效的开发流程，合理分配团队资源和时间。本节介绍基本的产品设计开发流程以及这个流程如何适应特别的项目。

2.2.1 产品改良流程

产品改良流程就是在产品开始设计前制定的一系列顺序执行的步骤，是项目构想和设计的一系列步骤和活动，是产品设计中商业化的有效保障。不同的项目会有针对性地采用不同的流程。对开发流程进行准确的界定是非常有用的，可以保证产品设计的质量，有效地调动团队资源进行协调工作。开发流程中包含了每个阶段相应的目标，这些目标会对应整个项目的设计进度框架。在实际项目设计运作中，能够有效比对找出可能出现问题的环节。最后详细记录的组织设计流程及其结果，有助于后期项目学习与改进。

基本的产品设计开发流程包括四个阶段，见表 2-1。

表 2-1 基本的产品设计开发流程

规划		设计		优化		成品	
设计对象的定义与采样	市场和需求分析	初步设计	最终设计	产品功能细节设计	工艺输出	开模	量产

产品设计开发流程具体包括规划，设计对象的采样，用户需求分析，机会界定，概念设计，三维效果图、手板制作，功能模型的测试与改进，开模试产扩量，包装品牌的改进等。图 2-4 和图 2-5 所示为公司产品设计开发流程实例。

图 2-4　某设计公司流程图　　　　图 2-5　某公司研发流程图

2.2.2　产品设计周期

在熟悉产品工业设计开发的基本流程后，要规划设计周期，适应客户产品进入市场的时间或者展会时间。依据前期项目的背景描述，规划周期要充分考虑各种因素的制约，根据项目的难易和团队目前工作余量，科学有效调动分配资源，具体落实在项目时间安排上。确定项目的时间和顺序必须考虑以下因素：

（1）产品的上市时间，通常情况下是越快越好。

（2）市场准备：需要权衡市场消费趋势和竞争者产品上市需求。

（3）不同的项目类型：

①已有产品平台的新产品：这类项目是在已有技术平台上进行扩展，通过对产品分层，用一种或者多种产品更好地占有更大的市场。

②对已有产品的改进：这类项目只是增加或改进已有产品的特点，以使企业产品线跟上消费潮流和具有市场竞争力。

在界定项目类型后，需要通过相关图表工具制定项目进度。产品开发设计中常用的 Gantt 图是一种非常直观的产品设计周期制定工具。Gantt 图是以 Henry Gantt 命名，是将产品的开发任务与时间相联系的条形图。一般纵轴上会罗列工业设计程序和细化的项目子目标，横轴上显示进度的时间。经过概括和组织，按照项目开始直至项目结束的顺序完成图表绘制。通常可用 Office 软件表格绘制。如图 2-6 所示的产品设计通用 Gantt 图（以 10 周为例），大概描述了一个完整的产品开发过程所需要完成的任务，各个时间段都有阶段性目标。

拓展案例：开发性产品设计 - 炊具演变

项目设计程序 \ 项目时间进度	一			二			三			四			五			六			七			八			九			十		
	1	3	5	1	3	5	1	3	5	1	3	5	1	3	5	1	3	5	1	3	5	1	3	5	1	3	5	1	3	5
项目定义																														
规划与调研																														
目标描述																														
明确任务与周期																														
背景研究																														
Gantt 图绘制																														
用户研究																														
消费者访谈																														
消费者需求																														
质量要求和规范																														
设计																														
概念设计																														
功能解构																														
拆解采样																														
概念创意产生																														
概念分析与筛选																														
概念草图设计方案																														
外观设计																														
方案效果图绘制																														
方案提案与评审																														
初步细节设计																														
草模制作																														
比例草模制作																														
实物草模制作																														
外观手板制作																														
功能原型制作																														
原型评审																														
制造工程设计																														
工程软件模型绘制																														
结构设计与装配图																														
模具设计与评审																														
材料与工艺 CMF																														
工程图纸输出																														
量产上市																														
小批量试产																														
测试与认证																														
模具修正																														
包装与广告设计																														
大批量生产																														

图 2-6　产品设计通用 Gantt 图（注：采用 10 周，1—星期一，3—星期三，5—星期五）

通常对照 Gantt 图中的每一周，会有一个任务周表检查框（表 2-2），它能够帮助团队简化认知项目推进过程。随着项目往前推进，每周都需要更新。

表 2-2 任务周表检查框

开始时间：3.1 周一，结束时间：3.7 周日		
任务	责任人（团队）	完成程度
外观设计	小龙	80%
RHINO 建模	小刚	100%
提案效果图渲染与排版	小撒、小敏	60%
…		

2.2.3　设计任务说明书

在做好前期的项目定位和规划后，必须制定一个设计任务说明书（表 2-3），这是未来设计目标的纲领。通常设计任务说明书由产品经理起草并分发给设计研发团队全体成员，内容包括要做什么，对改良产品任务的要求和期望。任务说明书是项目团队沟通的框架，每一次会议主题可以针对其中某一项展开。

表 2-3　车载空气净化器设计任务说明书

设计任务描述：车载空气净化设备	
产品描述	具有净化空气功能的充电设备
主要目标	6 个月开发周期，占领中端市场 20% 份额
主要商业竞争对手	松下、小米
C 端消费群体	职场白领 28～36 岁（10 万～20 万家庭轿车）
B 端公司	4S 店及精品电商
设想	简约 ins 风格，小巧
市场环节	线下零售，出口
创新途径	造型圆润符合人机工程学，操作简便，易于收纳
范围限定	材料工艺：塑胶模塑，喷漆，成本 50 元以下

产品信息采样　第 3 章

在进行产品改良设计之前，首先需要进行产品信息采样。本章重点讲述产品不同方面的信息采样，主要包括产品外观采样、产品色彩采样、产品材料和加工工艺采样、产品功能采样、产品原有操作方式采样等，通过大量的案例为读者进行更为详细的介绍，为具体设计实践提供可参考的模式。

3.1　产品外观采样

改良产品的首要条件是采集产品的尺寸和色彩，如图3-1所示。产品的尺寸包括外观尺寸和与人机交互有关的尺寸，人机交互的尺寸需要参考人体标准尺寸数据。

3.1.1　原有产品尺寸采样

产品的整体形态是依据产品的原始尺寸大小来进行选择和确定的。产品造型设计中的比例包括两个方面的含义：首先是整体的长、宽、高之间的大小关系；其次是整体与局部或局部与局部之间的大小关系。正确的比例关系，不仅在视觉习惯上令人感到舒适，还会在其功能上起到平衡稳定的作用。产品整体外观及部件数据采集见表3-1。

图 3-1　产品拆解

表 3-1 产品整体外观及部件数据采集

型号	长×宽×高	比例				部件 1	部件 2	……
		长宽比	宽高比	角度比	弧度比			

1. 产品尺寸采集步骤

（1）拆解产品，如图 3-2 和图 3-3 所示。

（2）使用游标卡尺测量产品，如图 3-4 所示。

（3）用手绘方式或者实物拍照的方式记录表达产品尺寸和结构，如图 3-5 所示。

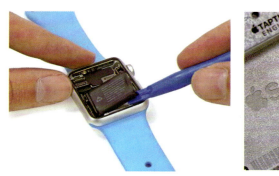

图 3-2 拆解苹果手表

图 3-3 拆解苹果手机

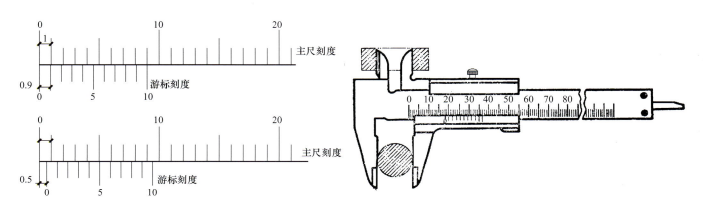

图 3-4 游标卡尺

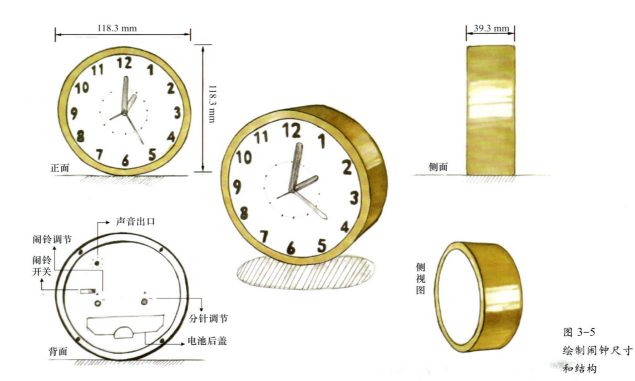

图 3-5 绘制闹钟尺寸和结构

2．案例一：手电筒

（1）拆解产品，如图 3-6 所示。

（2）使用游标卡尺测量产品，如图 3-7 和表 3-2 所示。

图 3-6 拆解手电筒

图 3-7 手电筒尺寸测量（单位：mm）

表 3-2 手电筒外观及部件数据采集

型号	长×宽×高/(mm×mm×mm)	比例		底座/(mm×mm)	开关/mm	头部圆筒/mm
		长宽比	宽高比			
	106.12×42.98×42.98	2.5∶1	1∶1	33.24×28.29	17.44	33.84

（3）用手绘方式记录产品尺寸和结构并表达，如图3-8所示。

3．案例二：吹风机

（1）拆解产品，如图3-9所示。

（2）使用游标卡尺测量产品，如图3-10和表3-3所示。

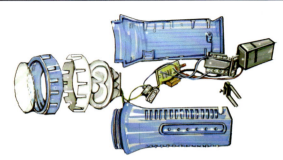

图 3-8 绘制手电筒拆解结构

图 3-9 拆解吹风机

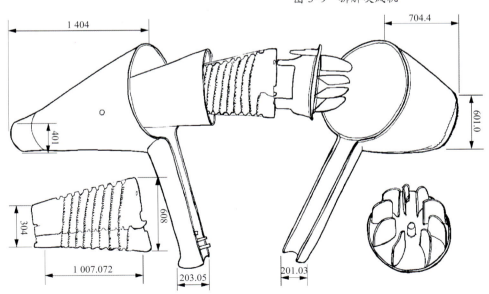

图 3-10 吹风机尺寸采样（单位：mm）

表 3-3 吹风机外观及部件数据采集

型号	长×宽×高/(mm×mm×mm)	比例		进风口/mm	出风口/mm	把手/(mm×mm)
		长宽比	宽高比			
SUPER POWER	2 108.4×608×1 416	3.5∶1	1∶2.3	401	601	203.05×201.03

(3)用手绘方式记录产品尺寸和结构并表达,如图 3-11 所示。

4. 案例三：钟表

(1)产品展示,如图 3-12 所示。

(2)拆解产品,拍照记录主要组件,如图 3-13 所示。

(3)采集产品尺寸,如图 3-14 和表 3-4 所示。

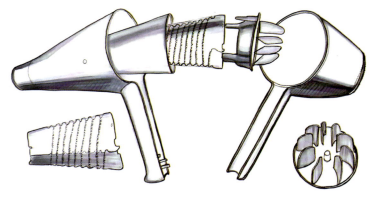

图 3-11　绘制吹风机拆解结构

图 3-12　钟表

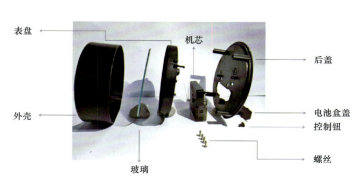

图 3-13　钟表主要组件

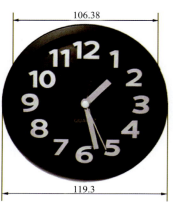

图 3-14　钟表尺寸采样（单位：mm）

表 3-4　钟表外观及部件数据采集

型号	长×宽×高/(mm×mm×mm)	比例		外壳厚度/mm	玻璃宽度/mm
		长宽比	宽高比		
	119.3×40×119.3	3∶1	1∶3	40	106.38

3.1.2　产品人机交互尺寸采样

1. 人体标准尺寸数据

产品的人机交互尺寸参考的是人机工程学中的人体标准尺寸数据,人机工程学在解决系统中人的问题上,主要有两条途径：使机器、环境适合于人；通过最佳训练方法,使人适应于机器和环境。

人体尺寸测量分为动态尺寸和静态尺寸，这两个概念主要用于设计领域。人机工程学是研究"人—机—环境"系统中人、机、环境三大要素之间的关系，为解决该系统中人的效能、健康问题提供理论与方法的科学。人体中基本的尺寸名称主要有以下内容：

（1）肘部高度：是指从地面到人的前臂与上臂接合处可弯曲部分的距离。

（2）挺直坐高：是指人挺直坐着时，座椅表面到头顶的垂直距离。

（3）构造尺寸：是指静态的人体尺寸，它是在人体处于固定的标准状态下测量的。

（4）功能尺寸：是指动态的人体尺寸，是人在进行某种功能活动时肢体所能达到的空间范围。它是在动态的人体状态下测得的，是由关节的活动、转动所产生的角度与肢体的长度协调产生的范围尺寸。它对于解决许多带有空间范围、位置的问题很有用。不同的国家、不同的种族，因地理环境、生活习惯、遗传特质的不同，人体尺寸的差异是十分明显的。

（5）百分位：百分位表示具有某一人体尺寸和小于该尺寸的人占统计对象总人数的百分比。

（6）正态分布：大部分属于中间值，只有一小部分属于过大和过小的值，它们分布在范围的两端。

（7）身高：是指人身体直立、眼睛向前平视时从地面到头顶的垂直距离。

（8）正常坐高：是指人放松坐着时，从座椅表面到头顶的垂直距离。

（9）眼高（站立）：是指人身体直立、眼睛向前平视时从地面到内眼角的垂直距离。

（10）眼高：是指人的内眼角到座椅表面的垂直距离。

（11）肩高：是指从座椅表面到脖子与肩峰之间的肩中部位置的垂直距离。

（12）肩宽：是指两个三角肌外侧的最大水平距离。

（13）两肘宽：是指两肘屈曲、自然靠近身体、前臂平伸时两肘外侧面之间的水平距离。

（14）肘高：是指从座椅表面到肘部尖端的垂直距离。

（15）大腿厚度：是指从座椅表面到大腿与腹部交接处的大腿端部之间的垂直距离。

（16）膝盖高度：是指从地面到膝盖骨中点的垂直距离。

（17）膝腘高度：是指人挺直身体坐着时，从地面到膝盖背后

（腿弯）的垂直距离。测量时膝盖与髁骨垂直方向对正，赤裸的大腿底面与膝盖背面（腿弯）接触座椅表面。

（18）臀部－膝腿部长度：是由臀部最后面到小腿背面的水平距离。

（19）臀部－膝盖长度：是从臀部最后面到膝盖骨前面的水平距离。

（20）臀部－足尖长度：是从臀部最后面到脚趾尖端的水平距离。

（21）垂直手握高度：是指人站立、手握横杆，然后使横杆上升到不使人感到不舒服或拉得过紧的限度为止，此时从地面到横杆顶部的垂直距离。

（22）侧向手握距离：是指人直立、右手侧向平伸握住横杆，一直伸展到没有感到不舒服或拉得过紧的位置，这时从人体中线到横杆外侧面的水平距离。

（23）向前手握距离：是指人肩膀靠墙直立，手臂向前平伸，食指与拇指尖接触，这时从墙到拇指梢的水平距离。

（24）肢体活动范围：肢体的活动空间实际上也就是人在某种姿态下肢体所能触及的空间范围。因为这一概念也常常被用来解决人们在工作中的各种作业环境的问题，所以也称为"作业域"。

（25）人体活动空间：现实生活中人们并非总是保持一种姿势不变，而是总在变换着姿势，并且人体本身也随着活动的需要而移动位置，这种姿势的变换和人体移动所占用的空间构成了人体活动空间。

（26）姿态变换：姿态变换集中于正立姿态与其他可能姿态之间的变换，姿态变换所占用的空间并不一定等于变换前的姿态和变换后的姿态占用空间的重叠。

图 3-15、图 3-16 和表 3-5、表 3-6 是国家标准要求的一些人体尺寸数据。

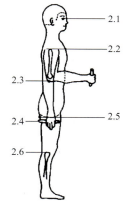

图 3-15 人体站姿尺寸标准图

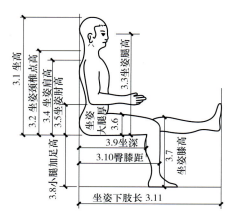

图 3-16 人体坐姿尺寸标准图

表 3-5　人体站姿尺寸标准数据表　　　　　　　　　　　　　　　　　　　　　　　　　单位：mm

年龄分组 百分位数 测量项目	男（18～60岁）							女（18～55岁）						
	1	5	10	50	90	95	99	1	5	10	50	90	96	99
2.1 眼高	1 436	1 474	1 495	1 568	1 543	1 664	1 705	1 337	1 371	1 388	1 454	1 522	1 541	1 579
2.2 肩高	1 244	1 281	1 299	1 367	1 435	1 456	1 494	1 166	1 195	1 211	1 271	1 333	1 350	1 385
2.3 肘高	925	954	968	1 024	1 079	1 096	1 128	873	899	931	960	1 009	1 023	1 050
2.4 手功能高	656	680	693	741	787	801	828	630	650	662	704	746	757	778
2.5 会阴高	701	728	741	790	840	856	887	648	673	686	732	779	792	819
2.5 胫骨点高	394	409	417	444	472	481	498	363	377	384	416	437	444	459

表 3-6　人体坐姿尺寸标准数据表　　　　　　　　　　　　　　　　　　　　　　　　　单位：mm

年龄分组 百分位数 测量项目	男（18～60岁）							女（18～55岁）						
	1	5	10	50	90	95	99	1	5	10	50	90	96	99
3.1 坐高	836	858	870	908	947	958	979	789	809	819	855	891	901	920
3.2 坐姿颈椎点高	599	615	624	657	691	701	719	563	579	587	617	648	657	675
3.3 坐姿眼高	729	749	761	798	836	847	868	678	665	704	739	773	783	803
3.4 坐姿肩高	539	567	566	598	631	641	859	504	518	526	556	585	594	609
3.5 坐姿肘高	214	228	235	263	291	298	312	201	215	223	251	277	284	299
3.6 坐姿大腿厚	103	112	116	130	146	151	160	107	113	117	130	146	151	160
3.7 坐姿膝高	441	456	461	493	523	532	549	410	424	431	468	485	493	507
3.8 小腿加足高	372	383	389	413	439	448	463	331	342	350	382	399	405	417
3.9 坐深	407	421	429	457	486	494	510	388	401	408	433	461	469	485
3.10 臀膝距	499	515	524	554	585	595	613	481	495	502	529	561	570	587
3.11 坐姿下肢长	892	921	937	992	1 046	1 063	1 099	826	851	865	912	960	975	1 005

2．案例一：凳子

（1）产品展示，如图 3-17 所示。

（2）人机交互尺寸数据采集。首先采集原产品的尺寸，并与人机尺寸做对比。根据上述表格可以得知：椅面的高度尺寸可参考小腿加足高的尺寸，椅面的深度尺寸可参考臀膝距，椅面宽度可参考臀宽。凳子的人机交互尺寸数据采集见表 3-7。

图 3-17　凳子

表 3-7　凳子的人机交互尺寸数据采集　　　　　　　　　　　　　　　　　　　　　　　单位：mm

选择的姿势	座椅高度	座椅宽度	座椅深度
坐姿	448	330	330

3. 案例二：机床

（1）产品展示，如图 3-18 所示。

（2）人机交互尺寸数据采集，见表 3-8。

图 3-18　机床

表 3-8　机床的人机交互尺寸数据采集

选择操作的姿势	门仓的高度	门仓的弧度	门仓的推拉进程	门仓的握持方式	长高宽尺寸	位置尺寸	离地面的高度	转动角度	按键区域范围	控制面板上屏幕大小
站姿										
坐姿										
注：具体尺寸根据机型不同进行具体测量。										

3.2　产品色彩采集构成的方法

色彩的采集构成是一种色彩感知的提取和总结。通过视觉观察事物的颜色，将其色彩构成的特点提取出来，以另外一种形式呈现的色彩表现手法，称之为采集构成。它也是一种色彩创意的方法，通过借鉴的手法获得具有美感意味的色彩组合，这种方法运用在很多设计场合，如造型设计（甲壳虫汽车）、平面设计（从绘画大师的作品中获得抽象的构图）、建筑设计（鸟巢和水立方）、服装设计（旗袍和唐装）。

色彩包括自然色彩和人文色彩。

自然色彩是在自然中自然形成、没有进行人工干预的色彩。自然色彩有很多，比如大海的蓝色、草地的绿色、动物的保护色。自然色彩难以直接用于设计，必须进行抽象处理。可以用色彩的归纳、变调、色谱化方法进行抽象和提取，也就是色彩的解构和重组，如图 3-19 所示。

图 3-19　自然景观色彩与樱花色彩

人文色彩是指经过人类改造或创造出来的色彩。人文色彩是文化的积淀，或具有历史的沧桑感，或带有明显的地域和民族特征，因而蕴含着深刻的内容。人文色彩因其抽象的性格，便于拿来使用。

人文色彩的来源也是异常丰富，如源于绘画、雕塑、建筑、民间手工艺品、织绣等，因地域的差别而各异。如要表现身份和价值，可借鉴历代宫殿色；要表现朴素自然，可借鉴水墨色；要表现深厚的文化底蕴，可借鉴传统艺术品的色彩，如图 3-20 所示。

图 3-20　民俗色彩图案

3.2.1　色彩的采集方法

1. 从大自然中采集、转移、重构来构成画面的色彩

（1）从动植物中采集、重构来构成画面的色彩。动植物的色彩是自然界中最丰富的、最具有活力的色彩，它们的存在给人们的生活带来了无尽的色彩变化。

例如，以两种色调的蝴蝶为例来采集色彩，如图 3-21 所示。首先，本着整体着眼、局部入手的原则，将蝴蝶的所有色相进行分类采集；其次，通过分析简化提炼出能用的色相，根据实际的拍摄主题再通过二次加工组合构成画面的色彩关系。在采集、重构画面色彩时，可以参照采集源的色相比例，也可以根据所要表现的主题按照新的比例搭配画面。但是要注意分出主次，以免产生色相搭配混乱、生硬。

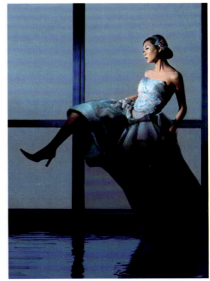

图 3-21　蝴蝶与服装

（2）从风光景物中采集、转移、重构来构成画面的色彩。风光景物的色彩往往比较大气和整体，在进行色彩采集的时候一定要以大的色彩关系为主，转移、重构时根据主题，合理地构成采集得到的原始色彩，突出表现画面色彩的整体气氛。

例如，根据一幅朦胧的风光图片的色彩重构画面，分别使用了白、亮灰、中灰、深灰等。图片是秋天的景色，画面的色彩非常丰富，色彩明度偏低、饱和度偏高，色调凝重并且有厚重感。根据这些画面的特点采集、提炼出可以使用的色块，以其中的棕色为主色调，其他色彩配合来构成创作的画面，如图 3-22 所示。

（3）从城市建筑中采集、转移、重构来构成画面的色彩。城市是第二自然环境，由城市建设和各种设施构成的环境，也可以进行色彩的采集。

城市是直接生活空间，它的色彩与人们息息相关，所以采集城市的色彩对于人们来说并不陌生。图 3-23 就是利用了日出时的城市环境的色彩特征来分析采集的，再利用这些色彩的元素来构成人像拍摄的画面，属于采集移植，即基本保证原来色彩源的色相、饱和度等，直接移植到画面中来，这样可以保证画面色彩的特点。

图 3-22　风景与服装

图 3-23　城市色彩与人像拍摄

2. 从文化艺术中采集、转移、重构来构成画面的色彩

文化艺术包括音乐、戏剧、电影、绘画、文学等。这些艺术门类都和色彩息息相关，但是和植物、建筑相比会显得抽象一些。从文化艺术中采集色彩更多的是利用采集转移和采集意译重构的方法。

（1）从中国京剧脸谱中采集、转移、重构来构成画面的色彩。所谓传统色彩，是指一个民族世代相传的、具有鲜明艺术代表性的色彩。以传统色彩作为主题，通过解构传统色彩向传统色彩艺术学习，目的是从传统色彩风格中获取创作灵感。传统色彩典范凝聚着古人对色彩规律探索的经验与智慧，如果将视点移到这些传统色彩上，人们就会惊奇地发现：我们的祖先在漫长的历史长河中所创造并沉淀下来的色彩组合和色彩构成教学中的对比与调和规律有很多相似之处，如图 3-24 所示。

（2）从民间艺术中采集、转移、重构来构成画面的色彩。民间艺术是最贴近人们生活的、土生土长的、百姓喜闻乐见的实用艺术。民间艺术的范围很宽，包括剪纸、年画、刺绣、扎蜡染、壁挂、泥塑等。民间艺术基本上都具有纯真、质朴的品质，鲜艳浓烈的色彩，并具有乡土气息和地域特点。

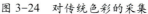

图 3-24　对传统色彩的采集

例如，民间的财神画像在用色上采用平涂的手法，大量使用红和绿的补色，色彩艳丽、对比强烈。分析它的色彩特点，采集红、绿、黄、黑为代表色。画面重构这些色彩时，降低了绿色的明度以调和这种强烈的对比，使画面既具有民间的色彩装饰效果又不失时尚的元素，如图 3-25 所示。

（3）对图片的采集，如图 3-26 所示。

图 3-25　民间色彩的采集

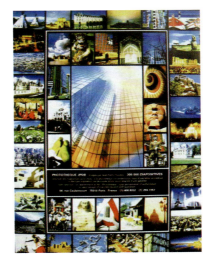

图 3-26　对图片的采集

3.2.2　色彩构成的方法

色彩采集的目的在于色彩运用，色彩从采集到运用的过程就是一个色彩重构的过程。色彩重构，重在色彩元素的重新组合和构成。那些美的、新鲜的色彩元素通过采集被提取出来之后，就变成了色彩设计的原材料，它们是否能够在全新的色彩组合当中发挥效能，关键在于有没有创意。

在色彩重构中，创意是灵魂，是生命。创意一定要脱离原物象色彩的束缚，在形态、结构、质感、风格、功能等方面，都要脱胎换骨，才能获得新生。同时，需要保持原物象色彩的情调、比例和基本的色彩关系，否则，会破坏原有色彩的整体美感。色彩重构的具体方法有以下几种。

1．整体色按比例重构

将色彩对象比较完整地采集下来，抽出几种有代表性的色彩，按照原有的色彩关系和色彩比例制作出相应的色标，把色彩按比例整体运用在构成当中。

特点：主色调不变，原物象的整体风格基本不变，如图 3-27 所示。

2．整体色不按比例重构

将色彩对象完整地采集下来之后，不按原有的色彩关系和色彩比例制作色标。色标中的色彩比例根据构成画面的需要而定。

特点：既有原物象的色彩感觉，又有一种新鲜的感觉。由于比例不受限制，可将不同面积大小的代表色作为主色调，如图 3-28 所示。

3．部分色的重构

在色彩对象的色彩关系当中，任意选择所需要的色彩。选择的色彩可以是一组色，也可以是一种或是两种色，再加主色调。原物象提供的只是色彩启示，用色不受其约束，用色的结果自然与原物象关系不大，如图 3-29 所示。

4．色彩情调的重构

根据原物象的色彩情调，做色彩"神似"的重新构成。重构后的色彩和色彩关系可能与原物象的色彩面貌很接近，也可能有所出入，但原物象的意境、情趣不能变。原有的色彩比例和色彩关系可以有所改变，但一定要传神。

特点：能较好地反映色彩情调，但需要深刻地感受和理解色彩，如图 3-30 所示。

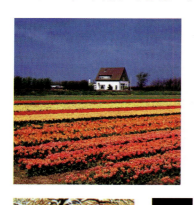

图 3-27　整体色按比例重构

图 3-28　整体色不按比例重构

图 3-29　部分色的重构

图 3-30　色彩情调的重构

3.3 原有产品材料与表面加工工艺采样

材料和工艺是产品设计的物质技术条件，是实现产品设计的必要条件。设计通过材料和工艺转化为实体产品，材料和工艺又通过设计实现自己的价值，如图 3-31 所示。任何一种产品设计，只有选用材料的性能特点与其加工工艺性能相一致，才能实现设计的目的和要求。

图 3-31 材料表面加工工艺

3.3.1 常用材料和表面处理工艺

常用材料和表面处理工艺见表 3-9。

表 3-9 常用材料和表面处理工艺

材料	表面处理工艺	内容	备注（图片）
不锈钢	拉丝处理	表面拉丝的加工方式，要根据拉丝效果的要求、不同的工件表面的大小和形状选择。拉丝方式有手工拉丝和机械拉丝两种方式	

续表

材料	表面处理工艺	内容	备注（图片）
不锈钢	本色白化处理	不锈钢在加工过程中，经过卷板、轧边、焊接或者经过人工表面火烤加温处理，产生黑色氧化皮。本色白化处理主要有喷砂（丸）法和化学法	
	抛光处理	利用柔性抛光工具和磨料颗粒或其他抛光介质对工件表面进行修饰加工。抛光处理主要有化学抛光和电解抛光	
铝及铝合金	本色氧化处理	铝合金压铸产品阳极氧化后，在铝合金产品的表面形成一层很薄的氧化膜，人们看到的颜色是氧化层与铝合金压铸产品混合的颜色	
	喷砂处理	采用压缩空气为动力，以形成高速喷射束将喷料高速喷射到需处理工件表面，使工件表面的外表或形状发生变化	
	硬质阳极氧化	铝合金的硬质阳极氧化处理的主要目的是，提高铝及铝合金的各种性能，包括耐蚀性、耐磨性、耐候性、绝缘性及吸附性等	
	黑色氧化处理	使金属表面产生一层氧化膜，以隔绝空气，达到防锈目的	
塑料	涂层	在制件的表面上附着一层涂物，使之形成涂膜，对制件起到保护、装饰以及满足其他功能性的要求。主要工艺有喷漆和喷粉	

续表

材料	表面处理工艺	内容	备注（图片）
塑料	镀层	对塑料进行镀层处理，一般是为了获得金属的表面效果，或达到导电、磁性、导热等金属的功能性要求。主要工艺有 PVD、CVD、化学镀、电镀	
	印刷	对塑胶材料的印刷处理包括丝印、水转印、热转印、移印	
木材	砂磨	用木砂纸在木材表面进行顺木纹方向的来回研磨的工艺。去除在木加工过程中由于锯、削、刨时将木纤维切割断裂而残留在木材表面上的木刺，使木材表面更平滑	
	脱色	用具有氧化-还原作用的化学药剂对木材进行漂白处理，使木材表面的色泽获得基本的统一	
	填孔	将填孔料嵌填于木材表面的裂缝、钉眼、虫眼等部位的工艺，使木材表面平整	
	染色	为了得到纹理优美、颜色均匀的木材表面，木制品一般需要染色。木材的染色一般可分为水色染色和酒色染色两种	

3.3.2 产品材料和加工工艺采样

1．案例一：热水壶

热水壶的材料和加工工艺采样如图 3-32 所示。

2．案例二：吹风机

吹风机（图 3-33）的材料及特性见表 3-10。

图 3-32　热水壶

图 3-33　吹风机

表 3-10　吹风机的材料及特性一览表

序号	原件名称	材料名称	特性
1	外壳	PP 或 ABS 塑料	热塑性塑料，具有较高的耐冲击性，机械性质强韧，抗多种有机溶剂和酸碱腐蚀
2	手柄 / 出风口网罩 / 开光	ABS 塑料	抗冲击性、耐热性、耐低温性、耐化学药品性及电气性能优良，易加工，制品尺寸稳定、表面光泽性好，容易涂装、着色
3	导线	塑料、铜丝	防腐性能优异、耐久性能好、导电性好
4	电热丝	铁铬铝合金、镍铬合金	使用寿命长、抗氧化性能好、电阻率高、抗硫性能好、价格低廉
5	云母片	云母	透明度较差。金云母具有良好的电气性能和机械性能，耐热性好，化学稳定性和耐电晕性好

3.4　产品功能采样

产品功能是指产品能够做什么或能够提供什么功效。消费者购买一种产品实际上是购买产品所具有的功能和产品使用性能。比如，汽车有代步的功能，冰箱有保持食物新鲜的功能，加湿器有调节空气湿度的功能（图 3-34），电钻（图 3-35）前端的把手有增加工作稳定性的功能等。

产品功能采样包括功能细节采样和操作方式采样。

图 3-34 加湿器

图 3-35 电钻

3.4.1 功能的含义和表现

功能就是指产品的用途，即产品的实用性。它既包括产品的总体功能，又包括组成产品各部分特定功能的有机组合。

功能主要有实用功能、认知功能、象征功能和审美功能四个。

（1）实用功能。即通过设计将思想转化为设计物，以满足人们的种种物质需要，重在体现设计物的实用价值，如图 3-36 所示。

（2）认知功能。即通过视觉、触觉、听觉等感觉器官接受来自物的各种信息刺激，形成整体认知，从而产生相应的概念。如图 3-37 所示，小方桌上的每块木板都由厚薄和长短来构成一个完整的音阶，可以敲出整段动听的曲子。

（3）象征功能。象征功能传达出设计物"意味着什么"的信息内涵，如一件产品的设计，不仅表现了它在实用功能方面的进步和完善，同时还是产品使用者经济地位和社会地位的象征。

图 3-36 便携烧烤架

图 3-37 小方桌

Saab Aero X 车是一部充满动力、双座位的双门跑车，如图 3-38 所示。它展现了 Saab 品牌的两个核心元素：Saab 公司的飞机传承；斯堪的纳维亚的设计本质。

图 3-38　Saab Aero X 车

图 3-39　现代灯具设计的审美功能体现

（4）审美功能。即设计物的内在和外在形式唤起人的审美感受，以满足人的审美需求，体现设计物与人之间的精神关系。物在使用过程中是否能唤起人的美感，是判断其是否具有审美功能的依据，如图 3-39 和图 3-40 所示。

某一设计物中，实用功能、认知功能和审美功能互相渗透、互相联系，而不能截然割裂；由于设计物实用目的的差异，它们凝聚于设计中的比例会有所不同。

如图 3-41 所示为 BMW 品牌 MINI 系列汽车内饰，除了具有一般 BMW 品牌特质外，还显示出其精巧、活泼的独特品质。

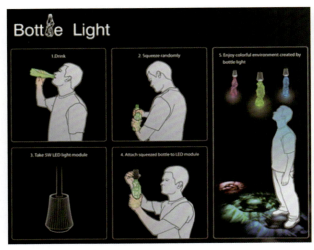

图 3-40　环保而美丽的饮料瓶灯

图 3-41 BMW 品牌 MINI 系列汽车内饰

3.4.2 功能的分类

产品功能的大致分类如图 3-42 所示。

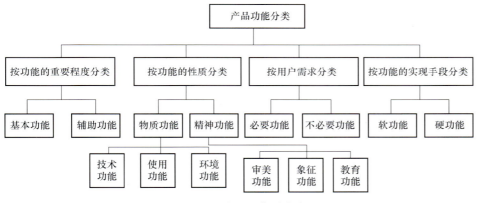

图 3-42 产品功能的分类

3.4.3 采样原有产品功能细节

细节设计常常在产品设计中有画龙点睛的作用。产品无论多么复杂，人们在分析和观察的时候，都会发现它是由很多细节组成的。产品设计中的细节设计主要包括色彩设计、结构设计及人机工程设计等。

1．案例一：苏泊尔菜刀

在同一个商场，苏泊尔可以将一把菜刀卖到 190 多元，而同商场的其他菜刀的价格没有超过 19 元的，苏泊尔的菜刀价格足足是普通菜刀的 10 倍。很多人的第一感觉就是一把菜刀卖那么贵，至于吗？会有人要吗？经调研发现，大部分购买者都是愿意购买苏泊尔菜刀的。是什么让一把菜刀可以具有别的菜刀的 10 倍价格呢？

产品的细节!如果仔细研究苏泊尔的菜刀,就会发现,它的做工、细节、材料都把握得恰到好处,使用起来得心应手,如图3-43所示。当然品牌是影响其价格的一个因素,但最主要的是它的产品确实具有优势。所以尽管苏泊尔菜刀的价格是别的菜刀的10倍,大量的购买者还是会选择苏泊尔菜刀。

2．案例二:电热水壶

电热水壶采用的是蒸汽智能感应控温装置,具有水沸腾后自动断电、防干烧断电的功能,如图3-44所示。随着人们生活需求的提高,现在的电热水壶也正在向多功能方向发展,如防漏、防烫、锁水等。电热水壶具有加热速度快、保温效果好、过滤功能强、式样多等优点。

电热水壶的工作原理:利用水沸腾时产生的水蒸气使蒸汽感温元件的双金属片变形,并利用变形通过杠杆原理推动电源开关,从而使电热水壶在水烧开后自动断电。其断电是不可自复位的,断电后水壶不会自动再加热。

电热水壶的功能细节设计如图3-45～图3-47所示。

图3-43 刀具

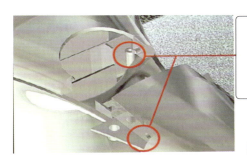

这是壶盖的连接结构,水壶的上盖绕此轴心旋转,主要依靠外力将凸起部分强行卡入凹槽,结构简单且易生产。

图3-45 壶盖连接结构

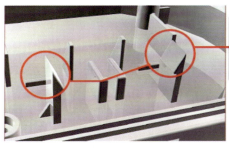

卡机为塑料中很常见的一种固定结构,利用塑料自身的弹性,防止物体滑动。

图3-46 卡机

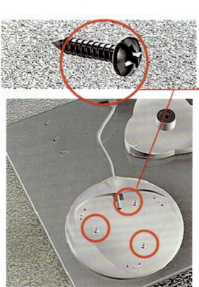

螺纹连接是塑料件最常见的一种连接方式,用于需求量大、位置精度高的部位,具有成本低、效果可靠、降低模具复杂程度的优点,缺点为影响外观。

图3-44 电热水壶

图3-47 螺纹连接

3.5 原有产品操作方式采样

在进行产品改良设计的过程中，除了可以对产品本身进行改观性和改进性的设计之外，还需要采样产品的操作过程，分解产品在使用、运输、安装、维护等环节的步骤，以系统的思维进行产品分析，寻找改良设计的突破点。

3.5.1 操作过程

1. 案例一：泡茶过程

（1）温具，如图 3-48 所示。

用沸水冲淋所有茶具，随后将茶壶、茶杯沥干，温具的目的是提高茶具温度，使茶叶冲泡后温度相对稳定，同时还起到清洁的作用。

（2）置茶，如图 3-49 所示。

置茶就是放茶叶，往泡茶的壶（杯）里置入一定数量的茶叶，茶叶的数量随不同茶叶而不同，并随个人喜好而置。

（3）冲泡，如图 3-50 所示。

置茶后，将开水冲入壶中，通常以冲水八分满为宜，冲泡时间一般为 5 分钟左右，冲泡次数越多，浸泡时间越长。

（4）倒茶，如图 3-51 所示。

泡好的茶应先倒进茶海里，然后从茶海倒进客人的茶杯中。

（5）奉茶，如图 3-52 所示。

奉茶时，需要用茶盘托着送给客人，放置在客人右手前方，请客人品茶。

（6）品尝，如图 3-53 所示。

泡好之后不可急于饮用，而是应该先观色察形，接着端杯闻香，再啜汤赏味。

图 3-48 温具

图 3-49 置茶

图 3-50 冲泡

图 3-51 倒茶

图 3-52 奉茶

图 3-53 品尝

2．案例二：水龙头、旋

（1）同种产品的不同操作方式——水龙头。

水龙头是水阀的通俗称谓，用来控制水流的大小，有节水的功效。水龙头的更新换代速度非常快，从老式铸铁工艺发展到电镀旋钮式，又发展到不锈钢单温单控式、不锈钢双温双控式、厨房半自动式。

水龙头在生活中是常见的一类产品，而且它的操作方式是多种多样的，尤其是在公共场合，比如飞机场、火车站的公共厕所等，不同地方的水龙头操作方式不一，如图3-54～图3-58所示。

图 3-54 按钮式开关

图 3-55 旋钮式开关

图 3-56 按压式开关

图 3-57 后推式开关

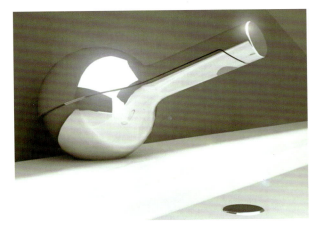
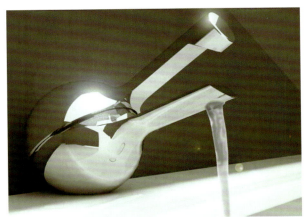

图 3-58 上抬式开关

（2）不同产品的同种操作方式——旋。
① 插头，如图 3-59 所示。
② Bike washing machine，如图 3-60 所示。
③ Cucumbo 螺旋切片器，如图 3-61 所示。

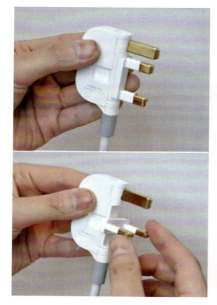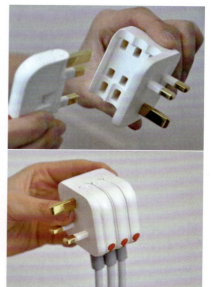

图 3-59 插头

图 3-60 Bike washing machine

图 3-61 Cucumbo 螺旋切片器

3.5.2 维护过程

案例：冰箱维护过程

拔下电源线插头或短时间停电时，要等 5 分钟后再接通电源，否则会影响压缩机寿命，甚至造成压缩机损坏，如图 3-62 所示。

每隔一段时间应清理冰箱内部（最好趁结霜时），可先用清洁的软布蘸温水加中性洗涤剂擦拭一遍，然后用清水擦洗，最好用干布擦净，如图 3-63 所示。（注意：严禁用水直接冲洗冰箱外表面，以免影响电气绝缘性能。严禁用研磨粉、洗衣粉、碱性洗涤剂、酒精、汽油、酸、腐蚀性清洁剂、硬刷等擦洗。）

图 3-62　插拔电源线插头

图 3-63　清理冰箱内部

经常清除冰箱背后、左右两侧板及箱体背后的护罩上的尘埃，以提高散热效率，保持通风良好，如图 3-64 所示。

冰箱长期停用时，应先切断电源，取出箱内一切食品，将箱内外清理干净，敞开箱门数日，使箱内充分干燥，并散掉异味，如图 3-65 所示。停用过程中按时开机运转几次（建议尽可能不要长时间停机）。

图 3-64　清除尘埃

图 3-65　停用冰箱

3.5.3　安装过程

案例：桶装水安装过程

桶装水的安装流程环节包括装车—运输—卸货—储存—送货—换水—回收旧桶，如图 3-66 所示。

图 3-66　桶装水安装流程环节

第 4 章　产品改良策略

4.1　产品市场特征分析

4.1.1　识别用户需求

1．用户分类

用户是一个统计学概念，用户群体是一组想要购买产品的人的集合，寻找用户进行访谈时，会遇到不同类型的用户群体，不同的用户会有差别地使用产品，有不同的使用目的，而且在不同的环境里使用产品，通常有不同的期望。

用户可分为领先用户和滞后用户、购买者和最终用户。

（1）领先用户和滞后用户。领先用户是特指对产品或服务有特殊需求的用户，通常他们是现有技术的使用者，也是未来技术的开拓者。领先用户是很多创新的源泉，在工作和生活中往往使用最先进的技术和方法，但是对于这些技术和方法的表现并不满意，因而常常自己动手改进这些技术和方法。这些改进往往具有很强的创造性。如果企业能够获知这些创造性的改进方法，并结合自己在生产和加工方面的优势，就有可能推出创造性的新产品和新的解决方案。与这种类型的用户进行交谈可以更有效地识别需求。这些用户对数据的收集十分有用，主要原因在于：

①能获得领先用户处理过的大量需求信息。领先用户是面临和处理市场前沿需求的复杂产品/服务的用户。这些用户被证明是更丰富和更准确的未来市场需求信息的来源，因为他们积极地设法"对付"现有产品和服务的不足。通过关注、收集领先用户的数据，企业能得到关于正在出现的市场需求的更高质量的信息，然后推出更好的产品和服务理念。

②能获得领先用户发展的新产品和服务的原型和概念。领先用户参与新产品和服务的开发有两个重要的好处。一方面，他们能提供非常有价值的设计数据；另一方面，他们的参与减轻了企业内的产品开发工程师的工作量。

③加速概念开发过程。技术人员直接与领先用户接触并直接进入原型开发工作，得出概念通常需要较少的开发工作量。

与领先用户相对应的是滞后用户，他们一般是在产品进入成熟期时购买使用产品。

（2）购买者和最终用户。对于许多产品来讲，购买者和最终用户并不是同一个人。购买者可能更多地从产品的款式与风格、品牌知名度、价格等方面考虑，最终用户则可能更多地从产品技术成熟度、功能、经济性和安全性等方面考虑。因此，为了了解各种不同的需要，从不同的产品利益相关者处收集资料是很重要的。

2．用户需求

用户需求可分为目的需求和方式需求。目的需求是指人生活中匮乏的东西，如衣、食、住、行、安全、爱、情感等的需求；方式需求是指实现目的需求的各种途径和方法。目的需求类型不多，且容易发现，但实现目的需求的方式是多种多样的，这就是设计挑战性和趣味性所在。所以重点是了解用户需求，主要包括以下内容：

（1）用户使用产品时的环境和情景（时间、地点、人物角色、心理状态、操作过程、操作方法、操作姿势和表情等）。

（2）用户需求的行动条件（一个任务包含意图、计划、实施和评价四个阶段，需找出完成这四个阶段的行动条件，即意图引导、准备条件、计划条件、正常和非正常情况下的操作条件、评价条件）。

（3）用户需求的认知条件（感知、注意、回忆、识别、引导、了解、交流、学习和纠错等条件）。

（4）用户学习操作的需求、用户需求的辅助任务条件（包装、运输、维修、保养及存储等任务所需条件）。

很多新产品的开发基于这样的思维：推出新技术和新生活概念产品，引领用户接受和使用新产品。这种以技术为主导的设计哲学经常会带来市场的失败。失败的根源在于在识别用户需求方面设计人员做得不充分。

用户需求是从用户自身角度出发的需求。用户经常提出的需求，从他们的角度而言都是正确的，但更多的是从自身情况考虑，对于产品的某个功能有自己的期望，但对产品定位、设计的依据等情况不了解，他们的建议也许并不是该功能的最好实现方式，也就不足以作为产品规划的直接依据。

产品需求是提炼分析用户真实需求，并符合产品定位的解决方案。解决方案可以理解为一个产品、一个功能或服务、一个活动、一个机制。

从用户提出的需求出发，挖掘用户内心真正的目标，并转化为产品需求的过程中，不能简单地看用户需求，而是应该去挖掘用户产生这个需求时，其心里是被什么驱动着。所以在分析用户需求的同时更多的是要综合分析产品需求。在进行用户访谈时，用户通常会讨论现有产品的使用不便之处和不喜欢之处，而很难表达真正需要什么。用户的潜在需求并不能直接从访谈中得到，需要设计人员积极主动地理解。

3．用户需求类型

通常用户需求分类主要基于用户表达实现某种需求的迫切程度，可以分为直接需求和潜在需求。

（1）直接需求：这种需求是用户关注并比较清晰的对产品性能的要求，通过一些方法能够很容易地从用户处获得反馈，如电饭煲适用人群。调查此类人群，可以得到各类电饭煲的市场反馈，在开发新产品时，这些消费者的意见可以借鉴。

（2）潜在需求：这种需求通常不能通过用户在无产品使用经历的情况下直接得到，并且用户无法直接清楚阐述。潜在需求作为一种特性化的用户需求，与其他产品相比具有竞争力强的优势。

在一个产品诞生之后势必会存在三种用户：新手、中间用户和专家。中间用户永远是一个产品用户中最多的人群，所以在产品定位的时候应主要考虑中间用户的需求，但也不能放弃新手和专家，因为任何一个中间用户都是从新手转变而来的，而他们又可以转变成为一个专家。可以将这三种用户想象成一个抛物线，两个波谷、一个波峰，分别对应新手、专家和中间用户，可以说这个曲线是永久不变的，或者说靠近波峰的人只会越来越多，因为新手能很快地成为中间用户，但是中间用户未必能继续努力成为专家，多数是因为他们没有时间去继续熟悉，而那些高端功能对他们的作用也不是很大，但是他们知道有这种功能，需要用到的时候会去努力熟悉。

4. 识别用户需求的方法

设计人员可以使用多种方法了解用户需求，从用户处获得原始数据，这些数据必须直接来自目标用户。从方法的操作成本和可行性方面来说，识别用户要求，可以使用的方法如下：

（1）询问法。所谓询问法，就是将要调查的内容告诉被调查者，从而获得自己所需要的情报资料的方法。询问法一般有访谈、问卷调查等方式。

①访谈。访谈包括专家用户访谈、新手用户访谈、电话访谈、多人参加的专题访谈等。专家用户有丰富的产品可用性方面的经验，了解行业动态，了解产品设计和制造方面的情况，所以要了解全局性的、评价性的、专业性的和预测性的问题，都可以请教专家用户。而新手用户由于不受习惯性思维影响，通过他们容易了解到新手用户对新产品的期待和真实需求。

②问卷调查。问卷调查的目的是通过对用户人群的抽样调查来获得设计数据。在发问卷时，要考虑抽样有代表性，使数量有限的问卷抽样尽量符合目标人群的分布情况。回收问卷后，要剔除不合格问卷，然后才能对问卷进行整理分析。

（2）网络调查法。网络调查法又称在线调查法，泛指在网络上发布调研信息，并在互联网上收集、记录、整理、分析和公布网民反馈信息的调查方法。网络调查法是传统调查方法在网络上的应用和发展，通过互联网及其调查系统把传统的调查、分析方法在线化、智能化。其构成包括三个部分：客户、调查系统和参与人群。网络调查具有自愿性、定向性、及时性、互动性、经济性与匿名性。

网络调查法的优点：组织简单、费用低廉、客观性强、不受时空与地域限制、速度快。

网络调查法的缺点：网民的代表性存在不准确性，网络的安全性、受访对象难以控制。

网络调查法是对传统调查方法的一个补充，随着我国互联网事业的进一步发展，网络调查法已被更广泛地应用。

（3）观察法。所谓观察法，就是在真实情景中，用录音、录像或拍照等方法把用户操作使用的过程记录下来，从而获得情报资料的方法。例如，了解用户行动特征（包含目的、计划、实施和评价四个阶段），以便在设计中给用户提供适当的操作条件和对用户进行引导；发现用户操作有出错情况，改进导致用户出错的界面设计、使用方式等；发现用户的学习负担、认知负担和体力负担过重，可在设计中减少这些负担。

（4）查阅法。查阅法就是指通过各种书籍、刊物、专利、样本、目录、广告、报纸、论文、影像资料、网络等来收集与调查内容有关的信息资料的方法。

（5）购买法。所谓购买法，就是贴买与设计有关的样机、模型、科研资料、设计图纸、专利等来获得情报资料的方法。

5．案例分析——空气净化器

（1）识别用户需求。通过对已经购买空气净化器的人群和准备要购买的人群，进行问卷调查和访谈调查，调查结果如下：

通过对调查问卷数据进行整理可以看出，受访男女比例大约是1：1，在年龄构成上，20～29岁的青年人占据了绝大多数，约为66.92%；40～49岁的中年人次之，占整体比例的16.15%；其他年龄段的人数占比较小，如图4-1和图4-2所示。

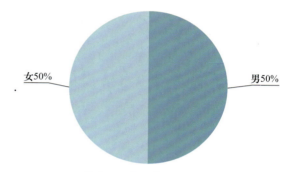

图4-1　受访者男女比例

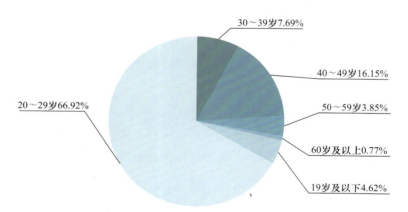

图4-2　受访者年龄构成

如图4-3和图4-4所示，总结调研数据可以看出，受访者中54.62%来自华北地区，结合受访者地域空气质量不难发现，华北地区正是污染最为严重的地区之一，34.62%的受访者来自中度污染地区，22.31%的受访者居住地区存在轻度污染，18.64%的受访者居住地区为重度污染，从图中的数据来看，我国各地区之间都存在着不同程度的污染现象。

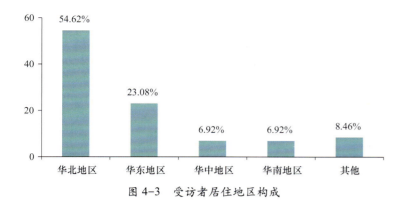

图 4-3 受访者居住地区构成

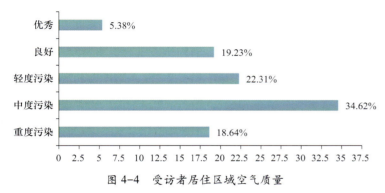

图 4-4 受访者居住区域空气质量

总结调研数据得知，大多数人没有使用过空气净化器，所以这是一个巨大的商机，通过总结用户反馈发现，空气净化器的设计有诸多缺陷，存在噪声大、操作难、耗能高、需要定期更换滤网、过滤不干净等问题，如图 4-5 所示。

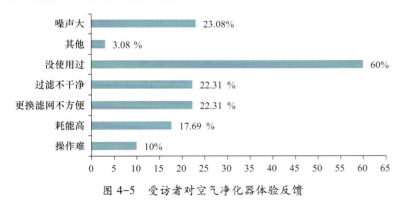

图 4-5 受访者对空气净化器体验反馈

如图 4-6 ～图 4-8 所示，通过调研可以看出，受访者对于空气净化器功能的需求已经从单一化向多元化发展。伴随着智能化的发展，很多的人认为空气净化器已经不再是作为一个单一的个体存在，而是要加入物联网之中，与时俱进。近 80% 的受访者希望空气净化器未来能够发展得更加智能化。也有大部分人希望未来的空气净化器能够自主学习、自主控制。

图 4-6 受访者对空气净化器的功能要求

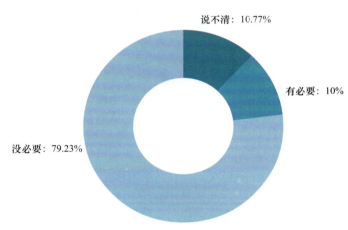

图 4-7 受访者对智能化的认可度

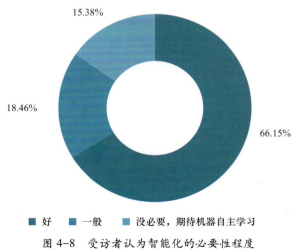

图 4-8 受访者认为智能化的必要性程度

如图 4-9 所示，关于空气净化器的核心过滤器，有超过五成的人认为活性炭是首选，另外，HEPA 和低温离子技术也在人们的考虑行列，光触媒由于价格高昂所以选择的人较少，静电除尘由于是新兴的技术，所以也没有得到大多数人的认可。

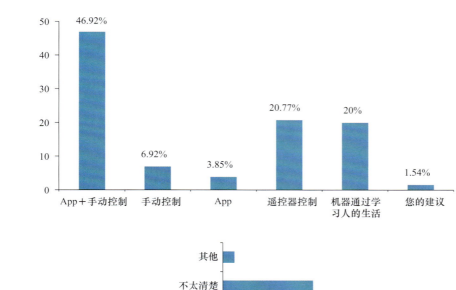

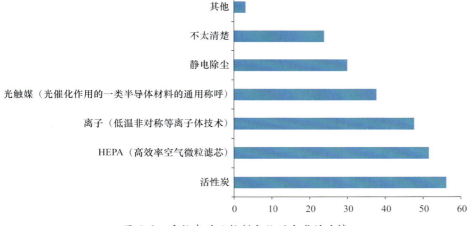

图 4-9　受访者关于控制和处理方式的反馈

如图 4-10 所示，从调研数据来看，接近半数的人不清楚 CADR 的数据，造成这个现象的原因有两个：第一个原因是购买过空气净化器的人没有仔细阅读说明书，盲目地使用，这个原因应该占少数；第二个原因是有一大部分人没有使用过空气净化器，这个原因应该占大多数。CADR 值指的是每小时洁净空气量，适用面积 =CADR×0.12（0.12 是空气净化器国家标准里的换算系数），比如一个空气净化器的 CADR 是 500 m^3/h，适用面积 =500×0.12=60（m^2）。对于已经购买了空气净化器的人来说空气净化量在 600～800 m^3/h 的数值最为合适，当然大一点的净化量达到 800 m^3/h 的空气净化器也是可以的，小一点也可以。

拓展案例：产品结构与拆解 - 电吹风

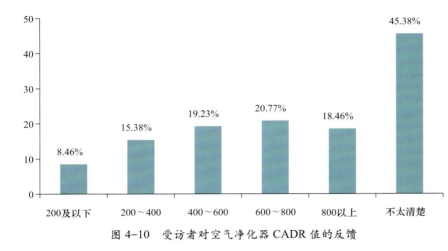

图 4-10 受访者对空气净化器 CADR 值的反馈

根据调研统计分析和用户研究，得出如下结论：

①在污染、雾霾较为严重的华北地区，希望购买空气净化器的受访者超过 80%。

②超过半数的受访者表示，空气净化器应该更加智能化，能耗应该更低，降低噪声、简化人对空气净化器的操作步骤应该是首选。

③对于空气净化器的色彩和造型方面，80%的受访者更喜欢灰色或者白色的简约风格。

④简化操作步骤、减少占地面积、更加智能化是吸引老顾客的卖点。

（2）用户使用空气净化器的环境和情境。

①车载空气净化器。首先将车载空气净化器放在合适的位置，一般放在副驾驶位置的前面或其他不能阻挡司机视线的地方。放置时需要用 3M 胶贴、绑带等，将车载空气净化器固定牢固，防止紧急刹车、突然启动或者在颠簸路段行驶时掉下来造成损坏。

首先，开启车载空气净化器之前，打开车窗通风，这样有助于快速净化空气。使用时不要开窗，这样不仅达不到净化效果还浪费滤材。然后，将电源线布在地毯下面或者车顶内饰里面，将点烟器插头插入汽车中控台的点烟器插孔内。将另一端插入产品后面的插座，并理好线插上电源。开启车载空气净化器后，车载空气净化器显示灯亮，表示已经接通电源。有些空气净化器有不同的模式，可以根据不同型号的净化器按不同的按钮，调节成需要的模式，一般有强风模式和弱风模式，控制净化速度的快慢。

当不需要使用车载空气净化器或长时间不开车时，要注意拔掉车载空气净化器的电源线，以延长机器的使用寿命，保护车内的蓄电池。

②办公桌面空气净化器。为了不受外界影响，办公室一般都建得比较独立和密闭，导致空气不流通，每当人多时，就会出现尴尬的局面：烟雾缭绕、人体异味弥漫、空气污浊憋闷。长期工作在空气质量不好的环境中，容易导致头晕、胸闷、乏力、情绪起伏大等不适症状，大大影响工作效率，并引发各种疾病，严重者还可致癌，办公环境就变成了看不见的健康慢性杀手。想要拥有一个舒畅、清新、自然的环境，一个好的办公桌面空气净化器的存在就显得越发重要了。

桌面空气净化器即放置于桌面，净化桌面周围一定范围内的空气，保护桌面附近人的健康的空气净化器。桌面空气净化器可以实现紫外线消毒、过滤 PM2.5 颗粒，以及其他空气净化功能，如除烟尘，除臭、杀菌，释放负离子清新空气；有效清除装修污染甲醛、苯、氨等有害气体。臭氧能杀毒清除异味，缓解精神疲惫，抗衰老；提高睡眠质量，提高记忆力，改善肺部功能、过敏性鼻炎与口臭哮喘。负离子层能抵消计算机辐射，形成负离子保护层，在周围形成一个空气清新的天然氧吧，提神醒脑，有效减少高压静电对人体的危害，呵护肌肤。其内置传感器可以检测周围环境的空气质量，并将结果发送到手机上，提醒用户采取必要的措施。如果经常坐在计算机前、办公桌前或者书桌前，但是所处的室内面积不小，或者是公共场所，自己购买一台大型的空气净化器并不划算，也不时尚，桌面空气净化器就是较好的选择。其外观精致，大气时尚。

③家用落地桌面空气净化器。在不影响家居美观的情况下，空气净化器放在房间的中间位置所达到的效果是最好的，应尽量不要倚靠墙壁或家具摆放，或在使用时离开墙壁1 m以上的距离。另外，因为某些净化器周围也会产生微量有害气体，所以也不要将其放在离人体太近的地方，尤其是采用静电吸附方式的产品要避免儿童直接接触。当集尘满了的时候，信号灯会亮起来，根据提示情况，将集尘板清理干净。空气净化器的净化功能需要一定的时间，才能使室内空气得到改善，所以在条件允许的情况下可以24 h始终打开空气净化器，现有的空气净化器也推出了定时功能，利用这个功能也可以有效地操控净化器的使用时间。

④活性炭颗粒净化包。活性炭颗粒净化包可以直接使用，尽量不要打开外包装，以免影响室内环境。活性炭颗粒净化包重点放置地点为污染源头和人经常活动的地方，也可直接放置在居室中衣柜、鞋柜、书柜、厨柜等柜体内，计算机旁、书桌上、茶几、沙发旁等人经常活动的地方，以及其他需要净化空气的任意位置。放置空间高度在180 cm内为好。室内有害气体，以甲醛为例，其比重大于空气，因此在室内空间的中下部分污染物质最严重，这个高度与人体高度相当，因此是最佳放置高度。

活性炭颗粒净化包一般可使用20天左右，在阳光下曝晒3～5 h后，可反复使用，如此能使用6～10个月。曝晒这个步骤是必需的，因为活性炭内孔隙有限，使用一段时间后会饱和，特别是大量的水分子占据了活性炭内较大的空间。因此一定要定期曝晒，使活性炭内水分子蒸发。

（3）总结用户对空气净化的需求，以室内空气净化器为例。

用户使用空气净化器的直接需求：

①自由移动，实时追踪污染源，智能监测室内空气状况，发现污染源迅速做出应对，不受电线的束缚、困扰。

②不受空间和使用环境的束缚，居家也能采用多种形式，适应于地面游走、书桌静立、随身呵护等情境。

用户使用空气净化器的潜在需求：

①不仅能净化空气，还能根据用户心情、体质等提供最适宜的空气体验，永远懂用户的生理和心理。

②真正的居家空气管家，涵盖与空气净化相关的一切功能。

（4）用户痛点总结，以室内空气净化器为例。

①空气净化器使用时间过长，如果不及时清理或者更换过滤层，可能导致二次污染。

②整体价格偏高，性价比不明显。

③室内使用的产品造型不够多样化，还是以方体为主。

④进风口一般在四周，机壳的挡板会影响空气的进入量以及造成里面的过滤网过滤不均匀。

⑤净化器还可以增加一些附加功能，更智能化。

4.1.2　竞争产品研究

竞争产品研究主要分为竞争产品外观研究和竞争产品功能研究，两者相辅相成。许多产品外观既有美观装饰的考虑，也肩负功能结构的需求。产品布局虽然受功能结构的限制，无法做大的改动，但经过外观设计可以有效提升产品形象。

产品开发者应该向其他竞争对手学习，竞争产品研究是创新的来源。开发设计人员不仅要充分了解自己产品的功能特点、特性和薄弱点，还应了解竞争对手是如何推出类似产品的。开发设计人员必须对竞争对手进行分析，研究竞争对手的产品，并以其最佳产品设定基准，用来判断产品的质量、价值和性能。通过对比最强的竞争者或者公认的行业领先者来衡量产品的开发过程。

1．设定基准的方法

产品基准的设定分为六个步骤：

（1）步骤一：将设计要点列成清单。根据用户需求制定设计要点并列成清单，这个设计要点清单可在设计过程中不断修订和更新。

（2）步骤二：将竞争产品列成清单。调查所有竞争产品及相关产品并将它们进行分类列出。如果竞争对手在某一个普通平台下有一系列产品，更应该详细列出。这些信息能够体现竞争对手所着重占有的市场部分及其对市场部分所采取的折中措施。在同一个普通平台下，竞争对手对每种产品的某些方面使用相同组件，而对满足特定要求的产品使用不同组件。

（3）步骤三：进行产品市场调查。市场调查应尽可能收集关于产品的最大量的信息，如产品的外观特征、特性、材料、价格等。

（4）步骤四：拆解多种同类竞争产品。通过拆解多种同类竞争产品，得出每种产品的材料清单、功能模型、分解图和功能与组件间的功能–形状映射。

（5）步骤五：根据功能确立基准。根据用户需求建立新的产品功能模型，根据功能等价法，对模型的每一个功能，都在其他产品的功能模型图中找到相同的功能，对于某项功能，在相应的解决方案中找出它的各种物理形式，并在每一个方案下列出其性能测量值用于以后比较。

（6）步骤六：根据功能确定同类最佳竞争者。列出实现每个功能的各种解决方案后，就可以运用比较法进行分析了。针对每个功能可以选出最好性能的方案和最经济的方案。

2．竞争产品研究

对于工业设计师来讲，构思设计方案前应搞清楚所设计产品的背景资料，竞争产品的功能特点、外观、价格和利益点等方面。

（1）产品的背景。因为在设计一个产品之前，首先应有全局观，通过了解产品所在行业的发展背景，来预测和把握产品的设计方向，所以我们要对产品的背景有一定的了解。主要内容如下：

①是什么样的产品（产品的形状、结构、图案、文字、色彩、材料）？

②产品特色是什么？

③产品理念是什么？

④产品的主要功能是什么？

⑤产品的市场定位是什么样的？

⑥产品的公司简介、品牌个性等。

（2）竞争产品的外观比较。将不同规格的同类竞争产品的图片分类列成清单，比较各竞争产品的外观特点。对最重要的竞争对手着重标记，以便以后的功能分析。外观分类清单可用于用户访谈中了解用户对产品的感觉。竞争产品或类似产品的外观访谈，一方面可以使设计师了解现有竞争产品的外观竞争格局，另一方面可以使工业设计师了解用户对哪些外观特征感兴趣，从而提供外观设计思路。通过对一系列产品外观特征的总结归纳，发现这一系列产品中所共有的特性与市场反应之间的关系，从而对某些外观特征进行改良设计，以此来引领和适应市场潮流。

竞争产品外观研究分为五个步骤：

步骤一：将竞争产品名录列成清单。竞争产品名录主要有两个来源：一是现场调查，包括大卖场、专业零售商店等；二是网络调查，包括产品专业和综合在线销售网站、生产商网站和Google等搜索引擎。

步骤二：将各竞争产品图片分类汇总。可以根据各竞争产品的品牌、技术原理、材料、造型特征、价格指数、人气指数等类别进行分类，也可以按照产品语义进行分类。这样不仅可以对产品的整体特征进行形态分类，还可以对产品的局部形态特征进行分类。

步骤三：将收集到的产品图片进行处理并描述造型特点。将收集到的产品图片处理掉背景，将分类好的图片放在同一背景中，背景色彩要单纯，注意突出产品图片，对每个产品或相同系列产品进行编号并描述造型特点、造型美学规律、界面布局、色彩特点等产品外观特征要素。

步骤四：对所有有产品使用经历的用户进行访谈，分析影响竞争产品外观的因素。设计调查人员须将分类好的各种竞争产品的图片展示给用户并让其评价。

步骤五：竞争产品的形状特征提取和分析。产品形状特征分为整体形状特征和局部形状特征。不管是全新设计的产品还是改良设计的产品，也不管是技术驱动型产品还是用户驱动型产品，收集竞争产品图片并进行形状特征提取，都能对以后产品的设计方案起到借鉴作用。

3．竞争产品价格分析

产品设计是一种从属于产品价值并由产品价值决定的货币价值形式。产品的价值主导体现在产品的使用价值和情感价值上。产品价值的变动是产品价格变动内在的、支配性的因素，是产品价格形成的基础。即使是同样的产品，因为调查来源不一样，其价格也会不一样，如有些是商场调查，有些是网络调查，产品的网上价格一般要比商场价格低。所以价格调查要使用相同来源，基于相同产品价格一致、同类产品价格相近的趋势。

4．案例——车载空气净化器

（1）产品主要信息分析。车载空气净化器是基于客户在空气净化领域的需求开发的产品。以下是产品背景。

①产品公司简介、品牌个性和理念。客户是坐落在佛山的一家中小企业，拥有家电生产研发能力，看到空气净化器商机，初步建立了××空气净化器品牌。有汽车4S店渠道和其他礼品市场分销渠道，希望打造好而不贵的小资品牌，目前无明确的产品风格。希望打造两类产品，分别是车载空气净化器和家庭落地式空气净化器，产品定位在中端。

②产品发展背景。该款产品是时下热门的空气净化器。由于空气质量逐步恶化，天气预报中加入了PM值。大家对身体健康特别是呼吸空气健康持续关注，大量的使用场景需要空气净化器，比如医院、母婴卧室、车载空间。

③产品特色。该产品技术简单，通过过滤层耗材过滤掉空气中的有害物质，如甲醛、苯及PM2.5大颗粒。主要靠工业设计外观造型驱动产品，附加值高。

④产品主要功能。净化封闭空间空气，提供优质舒适的空间。

⑤产品市场定位。此次设计的产品采用市场主流的过滤技术，定位在中端市场。希望通过企业现有的渠道进行产品分销，产品颜值和性价比要兼顾。

（2）竞品外观、价格、功能、材质等设计要素的分析。

①品牌分析，如图4-11所示。

②外观分析，如图4-12所示。

③价格分析，如图4-13所示。

④功能分析，如图4-14所示。

图 4-11　车载空气净化器品牌分析

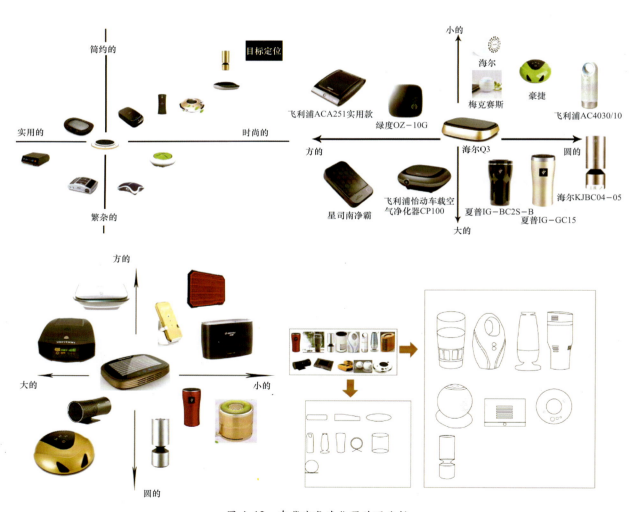

图 4-12　车载空气净化器外观分析

4.1.3 趋势研究

空气净化器主要针对空气中的颗粒物、气态污染物、微生物等进行去除，以净化室内空气。目前，去除颗粒物的技术已相对成熟，包括对灰尘、花粉、尘螨、香烟、油烟、室外进入室内的PM2.5等颗粒物的去除，主要通过介质过滤和静电吸附两种技术来解决。气态污染物的净化技术是未来行业发展与创新的主要方向。气态污染物主要有两种：一种是直接从污染源排到大气中的原始污染物质，比如硫氧化物、氮氧化物、碳氧化物和有机化合物等；另一种是经过一系列化学或光化学反应而生成的新污染物质，如硫酸烟雾、光化学烟雾、臭氧、过氧乙酰硝酸酯、酮类、醛类等。目前消费者和商家关注较多的是室内装修中使用的板材、胶粘剂、涂料等污染源产生的甲醛问题。在过去几年，行业中主流产品的甲醛净化能力提升明显。室内装修带来的空气污染比较复杂，污染物种类繁多，来源复杂。随着装饰材料行业的发展，这个问题正在得到逐步改善，但是距离国际领先水平仍然存在较大差距。随着行业发展，未来低浓度有害气体环境下的空气净化技术和空气过滤材料的研发，是行业技术发展的主要方向之一。此外，目前国内空气净化器行业中，无论是线下渠道的传统家电品牌，还是线上渠道的新晋互联网/电商品牌或电视直销渠道的品

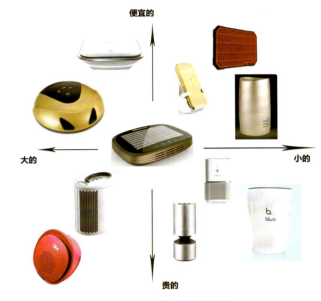

图 4-13　产品价格分析

图 4-14　产品功能分析

牌，按照市场份额看，基本的品牌格局已经形成。但是我国空气净化器的过滤器替换率极低，消费者还未养成定期更换过滤器的习惯，很多用户完全不知道过滤器需要更换。在引导和培养消费者使用习惯的同时，未来切入市场的机会点可以是商业模式的创新，这将是新品牌在行业中分取一杯羹的为数不多的机会点。

随着智能化技术的不断成熟，空气净化器也要经历技术改良与变革，与时俱进，不断创新。对新技术、新材料的探讨，应走出目前的空气净化器的固有模式，增加产品的创新性和突破性。未来空气净化器更应该向着小型化、智能化方向发展。空气净化器也会加入物联网，协同其他的家具设备更好地服务于人们的生活。

此外，不同使用环境的空气净化器市场将慢慢突显，如车载空气净化器。近年来，车内空气污染及环境问题已经越来越多地被人们关注，仅仅是在人口规模为80万左右的中型中等经济水平的城市，平均每家汽车用品店就有数十人咨询车内污染问题的解决方案，或者咨询相关车载空气净化器的使用方法及效果。而在北京、上海、广州等大型城市，咨询人数则更多。

一直以来，车内环境问题都是困扰汽车族的难题之一，一方面紧闭车窗难以减缓车内空气污染，另一方面敞开车窗又难免饱受尾气危害。对此分析人士认为，国内车载空气净化器市场消费需求酝酿已久，只要有合适的引爆机会，整个市场将全面井喷。比起单纯使用汽车香水，许多人都十分关注车载空气净化器是否能够真正实现纯"绿色"的空气净化。目前国内高端车载空气净化器，已经能够全方位满足用户的"绿色"消费需求，具备在汽车"后市场"这个黄金市场中崛起的先机，该行业前景十分广阔。

4.1.4 设计分析方法

设计分析方法有很多种，可以帮助人们在进行产品改良设计的过程中进行思维拓展和设计创新，常用的设计方法主要有移植法、类比法、联想法、头脑风暴法、功能思考法、逆向发明法、缺点列举法、希望点列举法等。

1．移植法

将某一领域里成功的科技原理、方法、发明成果等，应用到另一领域中去的创新技法，即移植法。现代社会不同领域之间科技的交叉、渗透已成必然趋势，而且应用该方法，往往会产生该领域中突破性的技术创新。

案例：日本开始生产聚丙烯材料时，聚丙烯袋销路不畅，推销员吉川退助在神田一酒店稍事休息，女店主送上手巾给他擦汗，因为是用过的毛巾，气味令他嫌恶。他突然想到，如果每块洗净的湿毛巾都用聚丙烯袋装好，一则毛巾不会干掉，二来用过与否一目了然，于是申请了专利，仅花1 500日元，而获利高达7 000万日元。

上海原有104万只煤饼炉，居民为晚上封炉子而烦恼，封得太紧，早上起来已灭掉；封得稍松，早上煤饼已烧光。一位中学生将双金属片技术移植到炉封上，发明了节能自控炉封，使封口间隙随炉内温度而自动调节，既保证了封炉效果，也大大地节省了煤饼。

2．类比法

世界上的事物千差万别，但并非杂乱无章，它们之间存在着程度不同的对应与类似。有的是本质的类似，有的是构造的类似，也有的仅有形态、表面的类似。从异中求同，从同中见异，用类比法即可得到创造性成果。

案例：从面包加入发酵粉能节省面粉并使面包体积增大、松软可口这一因果关系，可做因果类比；在塑料中加入发泡剂，生产出了省料、轻质的泡沫塑料，再从泡沫塑料因其多孔性而具有良好的隔热、隔声性能进行因果类比,在水泥中加入发泡剂,发明了省料、轻巧、隔热、隔声性能较好的气泡混凝土。

3. 联想法

由某一事物的现象、语词或动作等,想到另一事物的现象、语词或动作等,称为联想。利用联想思维进行创造的方法,即联想法。大脑受到刺激后会自然地想起与这一刺激相类似的动作、经验或事物,叫作"相似联想"。

案例:从火柴联想发明了打火机;从毛笔写字联想到指书、口书;从墨水不小心滴在纸上会产生不同形象联想发明了"吹画";从雨伞的开合联想发明了能开合的饭罩。大脑想起在时间或空间上与外来刺激接近的经验、事物或动作,称为"接近联想"。

4. 头脑风暴法

头脑风暴法是美国创造学家A.F.奥斯本于1901年提出的最早的创造技法,又称为脑轰法、智力激励法、激智法、奥斯本智暴法等,是一种激发群体智慧的方法,如图4-15所示。一般是通过一种特殊的小型会议,使与会人员围绕某一课题相互启发、激励、取长补短,引起创造性设想的连锁反应,以产生众多的创造性成果。与会人员一般不超过10人,会议时间大致在1 h内。会议目标要明确,事先有所准备。

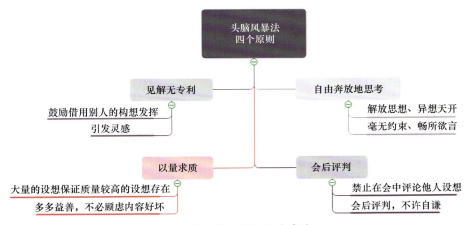

图4-15 头脑风暴法的原则

案例:有一年,美国北方格外严寒,大雪纷飞,电线上积满冰雪,大跨度的电线常被积雪压断,严重影响通信。过去,许多人试图解决这一问题,但都未能如愿以偿。后来,电信公司经理应用奥斯本发明的头脑风暴法,尝试解决这一难题。他召开了一种能让头脑卷起风暴的座谈会,参加会议的是不同专业的技术人员,要求他们必须遵守以下原则:

第一,自由思考。即要求与会者尽可能解放思想,无拘无束地思考问题并畅所欲言,不必顾虑自己的想法或说法是否"离经叛道"或"荒唐可笑"。

拓展案例:电子产品仿生设计-鼠标

第二，延迟评判。即要求与会者在会上不要对他人的设想评头论足，不要发表"这主意好极了""这种想法太离谱了"之类的"捧杀句"或"扼杀句"。至于对设想的评判，留在会后组织专人考虑。

第三，以量求质。即鼓励与会者尽可能多而广地提出设想，以大量的设想来保证质量较高设想的存在。

第四，结合改善。即鼓励与会者积极进行智力互补，在增加自己提出设想的同时，注意思考如何把两个或更多的设想结合成另一个更完善的设想。

按照这种会议规则，大家七嘴八舌地议论开来。有人提出设计一种专用的电线清雪机；有人想到用电热来化解冰雪；也有人建议用振荡技术来清除积雪；还有人提出带上几把大扫帚，乘坐直升机去扫电线上的积雪。对于这种"坐飞机扫雪"的设想，大家心里尽管觉得滑稽可笑，但在会上也无人提出批评。相反，有一工程师在百思不得其解时，听到用飞机扫雪的想法后，大脑突然受到冲击，一种简单可行且高效率的清雪方法冒了出来。他想，每当大雪过后，出动直升机沿积雪严重的电线飞行，依靠高速旋转的螺旋桨即可将电线上的积雪迅速扇落。他马上提出"用直升机扇雪"的新设想，顿时又引起其他与会者的联想，有关用飞机除雪的主意一下子又多了七八条。不到 1 h，与会的 10 名技术人员共提出 90 多条新设想。会后，公司组织专家对设想进行分类论证。专家们认为设计专用清雪机，采用电热或电磁振荡等方法清除电线上的积雪，在技术上虽然可行，但研制费用大，周期长，一时难以见效。那种由"坐飞机扫雪"激发出来的几种设想，倒是一种大胆的新方案，如果可行，将是一种既简单又高效的好办法。经过现场试验，发现用"直升机扇雪"真能奏效，一个久悬未决的难题，终于在头脑风暴会中得到了巧妙的解决。

5．功能思考法

功能思考法是以事物的功能要求为出发点广泛进行创新思维，从而产生新产品、新设计。任何产品、工艺或组织形式等，都是为满足某种"需要"而产生的，而"需要"最根本的是功能。抓住功能即抓住了本质。

案例：为了使旅游时舒适，针对人走路的特点，设计了旅游鞋；为使鞋具有按摩的功能，又设计出了按摩鞋；纺织女工长期从事行走、站立劳动，容易造成脚部损伤的职业危害，针对这一特点，设计人员专门设计生产了新型女工健步鞋，用抗菌布作帮里及鞋垫，有杀菌、除臭、去湿作用，设计上除对脚部保护免受损伤外还有新突破，具有柔软、轻便、耐磨、防滑等特点，纺织女工用后普遍反映舒适、无疲劳感。

热水瓶塞的主要功能是保温，但以往的瓶塞只能在 24 h 后保温在 69 ℃ 上下，最高才 72.5 ℃。而沏茶、冲咖啡、冲牛奶需有 80 ℃ 的温度。从瓶塞保温功能出发，深圳生产了高效保温瓶塞，在一般的软木塞下增设塑料紧封环，使用这种瓶塞，开水在 24 h 后还能在瓶内保温达 80 ℃。

6．逆向发明法

逆向发明法又称"负乘法""反面求索法"等，是从常规的反面、从构成成分的对立面、从事物相反的功能等考虑，寻找设计、创新的办法，即原型—反向思考—设计新的形式。

案例：1885 年斯塔利发明了链条传动自行车，命名为"安全漫游者"。至今，100 多年过去了，自行车的造型、结构基本上还是链条传动、带钢丝的圆形车轮及充气轮胎。近年来，逆向发明法指导着自行车新的设计，不用链条传动的、不需充气的、无钢丝的自行车，相继问世。

石油输油管的管接头，一向是用焊接方式连接的。但在南极极低气温时，管接头经常被冻裂而漏油。为解决这一关键问题，反其道而行之，干脆用湿布将管接头处包住，冰冻后则大功告成，再冷也不怕了。

7. 缺点列举法

社会总在发展、变化、进步，永远不会停止在一个水平上。当发现了现有事物、设计等的缺点时，就可找出改进方案，进行创造发明。工业设计中改良性产品设计，就是设计人员、销售人员及用户根据现有产品存在的不足所进行的改进。缺点列举法，也就是分析产品的功能、成本间存在的问题，设法提高其价值，故又可称为"吹毛求疵法"。

案例：日本鬼冢喜八郎抓住原来运动鞋打球时易打滑、止步不稳、影响投篮准确性的缺点，将原来的鞋底改成像鱿鱼触足上吸盘状的凹底，设计出了独树一帜的新产品。针对原来炒菜锅煎东西要粘底的缺点，设计生产了不放一滴油，照样可以烹煎锅贴、荷包蛋之类食品的杜邦平底煎锅。普通的玻璃虽然有不少优点，但不能切削加工，不耐高、低温差的变化，为此发明了微晶玻璃，克服了上述缺点，在家庭器皿、天文望远镜等上广为应用。

8. 希望点列举法

缺点列举法是围绕现有物品、设计的缺点提出改进设想。因此，离不开物品、设计的原型，是一种带有被动性的技法。而希望点列举法则是对发明人的意愿提出各种新设想，可不受现有设计的束缚，是一种更为积极、主动的创造技法。

人们希望像鸟一样在蓝天上翱翔，发明了飞机；人们要像神话故事中的嫦娥一样奔向月球，发明了卫星、宇宙飞船；人们希望能在黑夜中视物，发明了红外线夜视装置；人们希望服装不起皱、免烫，不要纽扣，质量轻而保暖性、透气性好，两面可穿、一衣多用等，这些均已在生活中得以实现。

4.2 产品改观性设计

在产品改良设计中，有一类产品原有技术不变，消费人群不变，只是基于商业需求，进行消费升级和迭代，简单来说只需要做产品的外观设计或者图案设计即可。这种样式设计类似于美国商业社会倡导的计划废止制度。

计划废止制度是 20 世纪五六十年代，为满足商业需要而采用的样式主义设计策略，在汽车设计领域表现得最为突出，汽车的样式设计不断更新。通用汽车公司总裁和设计师厄尔为了不断促进汽车销售，在其汽车设计中有意识地推进一种制度：在设计新的汽车样式时，必须有计划地考虑以后几年间不断更换部分设计，每三到四年有一次大的变化，造成有计划的"式样"老化过程。

如图 4-16 所示为 Nokia 手机改观性设计。

图 4-16　Nokia 手机改观性设计

4.2.1　产品色彩更新与尺度设计

1. 案例一：滑雪镜

（1）产品主要信息分析。

①产品公司简介、品牌个性和理念。该公司是一家专业从事滑雪镜生产和代工的公司，正在从 OEM 转为 ODM，同时增强企业设计部的研发能力，提高对接国外客户的能力。目前主要客户位于北美和北欧等冰雪运动发展较好的国家。为契合我国 2022 年的冬奥会，进行内需滑雪镜消费市场的布局。期望借助长期服务欧美市场的经验，进行亚洲，特别是中国区的滑雪镜样式设计，符合亚太地区的审美。

②客户需求。针对现有滑雪镜，进行图案外观的改良设计。主要要求：通过大量调研，了解冰雪运动的审美趋势，并进行细分化市场的图案设计，然后应用到松紧带上和镜框上。可以通过主题或者消费价格进行区分设计。

（2）竞品外观、价格、功能、材质等设计要素的分析见表 4-1。

表 4-1　现有滑雪镜产品设计要素分析

品牌	形态	功能	材质	价格/元
Anon M4		1. 两种镜头，可在圆锥形和圆柱形透镜之间切换，具有最大视野； 2. 防止冷风对眼睛的刺激； 3. 防止紫外线对眼睛的灼伤； 4. 内镜片不能起雾气	1. MFI 面罩； 2. 无滑硅胶表带； 3. 玻璃（OTG）兼容； 4. 三层面泡沫； 5. 轻型双模 PC-ABS/TPU 框架	2 698
FLIGHT DECK XM0OO7064-71		1. 防撞击； 2. 通风 F3 防雾； 3. 防紫外线	1. O-Matter 记忆材料； 2. 防滑硅胶； 3. 镜片 PC	1 756
UVEX s550123		1. OTG 近视镜适配； 2. 防止冷风对眼睛的刺激； 3. 防止紫外线对眼睛的灼伤； 4. 内镜片不能起雾气	1. 双层球面镜； 2. S1/S3 透镜； 3. 硅胶颗粒防滑绑带	1 588

续表

品牌	形态	功能	材质	价格/元
Rossignol RKIG 210		1. 声呐透镜技术，有效提升了安全性能； 2. 100%反射、吸收紫外线； 3. 兼容可佩戴眼镜	1. 镜面为聚碳酸酯； 2. 镜片为光学变色S1-S2和S2； 3. 泡沫	1 400
Rossignol RKHG 209		1. 声呐透镜技术，有效提升了安全性能； 2. 100%反射，吸收紫外线； 3. 兼容可佩戴眼镜	1. 镜面为聚碳酸酯； 2. 镜片为光学变色S1-S2和S2	1 000
Rossignol RKHG 403		1. 适合女性； 2. 100%反射，吸收紫外线； 3. 适合各种天气	1. 镜面为聚碳酸酯； 2. 镜片为光学变色S2； 3. 无框架设计； 4. 双层泡沫	574

（3）产品设计方案。

①低档方案，如图4-17和图4-18所示。

②中档方案，如图4-19～图4-21所示。

③高档方案，如图4-22和图4-23所示。

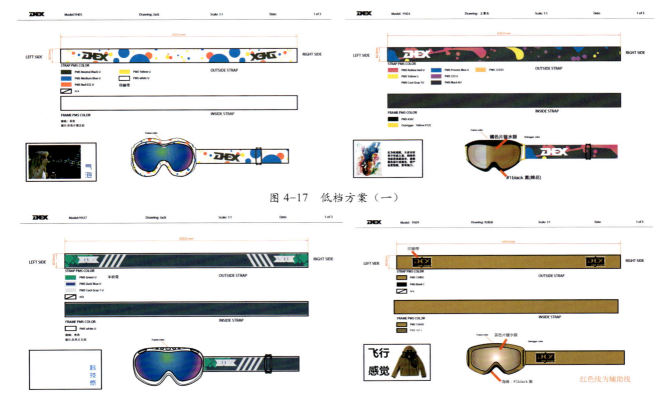

图4-17　低档方案（一）

图4-18　低档方案（二）

图 4-19　中档方案（一）

图 4-20　中档方案（二）

图 4-21　中档方案（三）

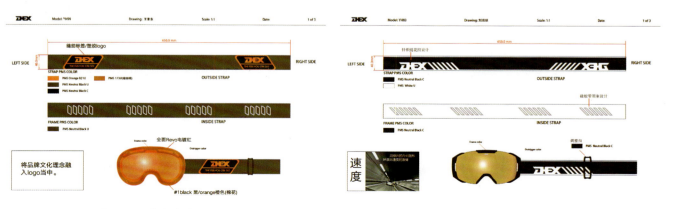

图 4-22　高档方案（一）　　　　　　　　　　图 4-23　高档方案（二）

2．案例二：蒸汽电熨斗

（1）产品主要信息分析。

1）产品公司简介、品牌个性和理念。该公司是一家专业从事电熨斗生产和设计的公司，由于设计任务多，将设计业务委托给外面的设计公司做创意设计，提高对接国外客户的能力。目前主要客户位于欧美发达国家。在设计过程中，要充分考虑符合欧美地区的审美，以及相关人机尺寸和地区水质等特性。

2）客户需求。蒸汽电熨斗主要进行产品造型尺度的调整设计。主要要求如下：

① 整体造型设计要简洁大方。

② 主要设计部分有四点，分别是：

a．整机按（旋）钮功能。

前蒸汽按钮：控制前面的蒸汽释放。

两侧蒸汽按钮：控制两侧的蒸汽释放。

温度旋钮：控制熨斗底板温度，需要有指示灯。

操作面板：有电源和蒸汽大小开关两个按钮，同时上面都配有指示灯。

b．熨斗固定在底座上的方式。为了童锁和同时提放整体，熨斗和底座之间需要有一个锁扣结构将其卡住（热底板与上壳之间的缝隙），按住按钮向外拉释放电熨斗。

c．底座上的水箱拆放进水设计。前部的水箱可拆开，进水口隐藏在里面。后续设计可利用卡扣拆卸水箱，尽量隐藏水箱口。

d．电源线和蒸汽导管线（1.8 m）的收纳设计。两侧空腔分别拆放电源线和蒸汽导管线，金属条可拉开绕放电源线和蒸汽导管线。

（2）竞品的设计要素分析，见表4-2。

表 4-2 现有蒸汽电熨斗的调研分析

品牌	型号	形态	功能	材质	价格/元
飞利浦	GC3580		快速除皱，大水箱持续熨烫，陶瓷顺滑底板	EasyFlow陶瓷底板	299
松下	NI-U401C		手持大功率，干湿两用，大面积熨烫	陶瓷涂层球面底板	399
飞科	FI-9311		干湿两用，喷水/爆炸蒸汽双按钮	黄金特氟龙底板	178
红心	RH122		无线分离设计，干湿两用，低温止漏	纳米陶瓷底板	299
海尔	HY-Y2530		垂直熨烫，自动断电，智能防滴漏，防钙化设计	陶瓷底板	169

续表

品牌	型号	形态	功能	材质	价格/元
苏泊尔	YD06AC-20		五挡温控调节，智能防滴漏，支持喷雾功能	陶晶底板	129
博朗	TS525A		双轨蒸汽，快速杀菌，智能断电，支持喷雾功能	Eloxal 底板	599
超人	SY556		自动除垢，喷雾软化设计，蒸汽功能，持续蒸汽	陶瓷底板	99

（3）产品设计过程见表 4-3。

表 4-3　蒸汽电熨斗设计过程

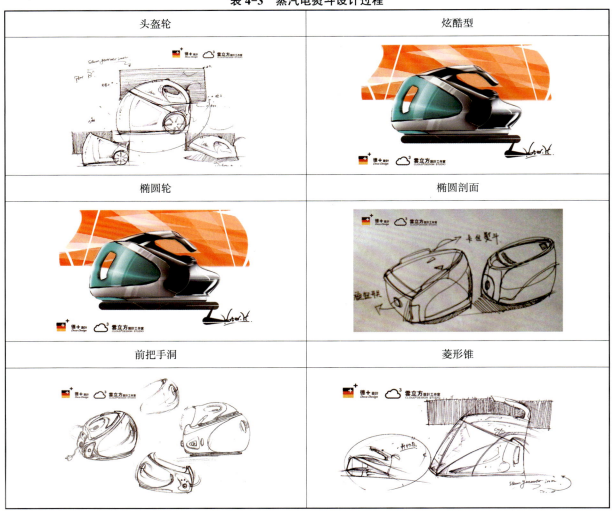

头盔轮	炫酷型
椭圆轮	椭圆剖面
前把手洞	菱形锥

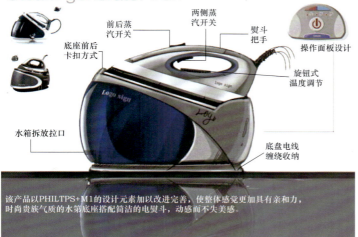

（4）产品设计方案。

①方案一，如图 4-24 所示。

②方案二，如图 4-25 所示。

③方案三，如图 4-26 所示。

图 4-24　方案一

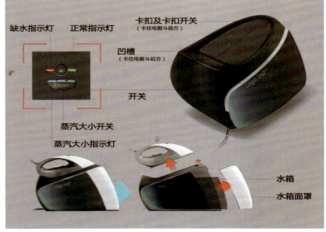

图 4-25　方案二

图 4-26　方案三

图 4-27　CCA-TWS 耳机设计系列

4.2.2　产品风格化设计——耳机案例

1．产品主要信息分析

（1）产品公司简介、品牌个性和理念。该公司是深圳一家长期从事代工的苹果配件生产商——深圳 CCA 创新设计有限公司。近年来，该公司成立了自己的设计品牌和蓝牙耳机产品，随着 TWS 耳机广受欢迎，想进一步开发此类产品，适应当下 Z 世代消费人群，如图 4-27 所示。

（2）客户需求。针对 Z 世代消费人群，对耳机产品功能细节进行个性化设计。

2．设计概念发想过程

（1）极简组（图 4-28）。

拓展案例：蓝牙耳机设计

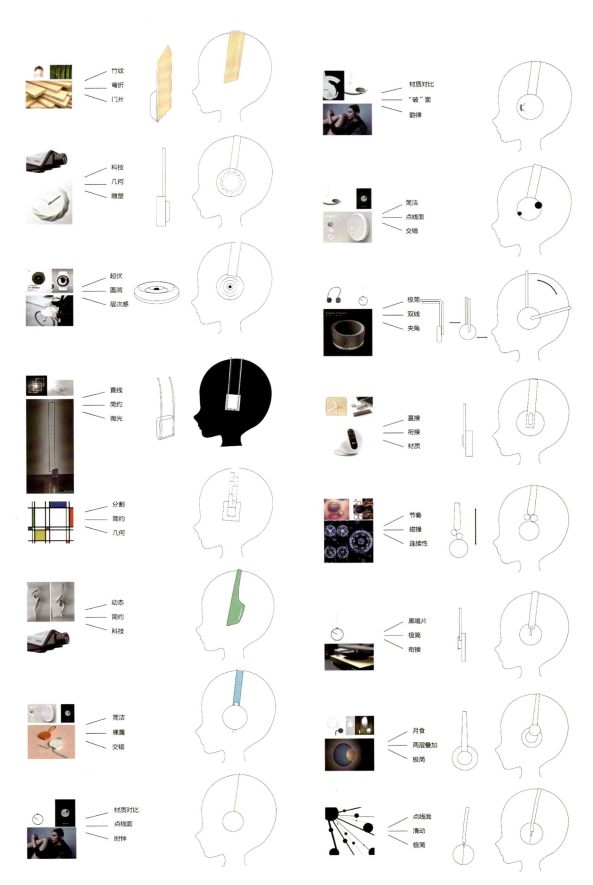

图 4-28 极简概念发想过程

（2）科技组（图4-29）。

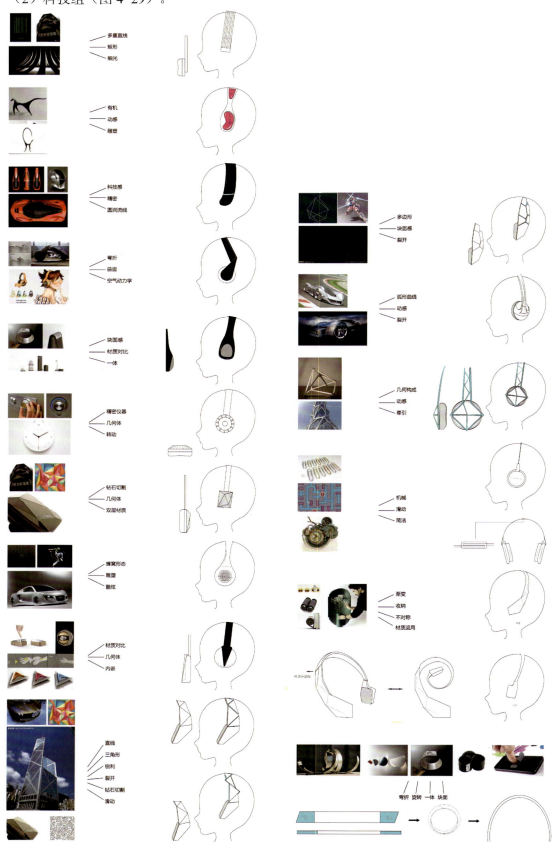

图4-29 科技概念发想过程

（3）有机组（图4-30）。

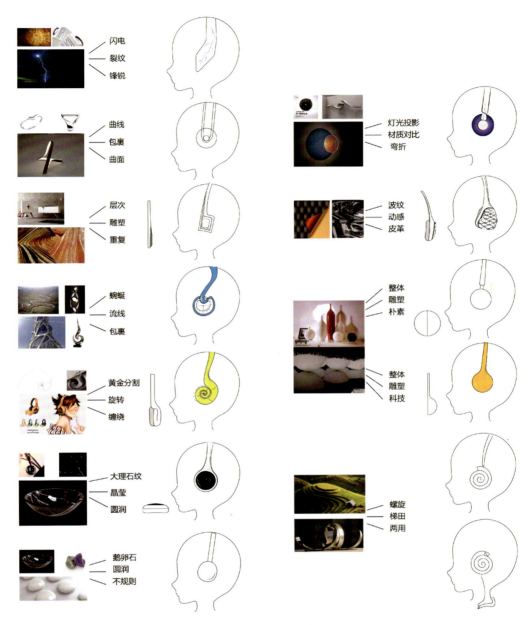

图4-30 有机概念发想过程

（4）运动组（图4-31）。

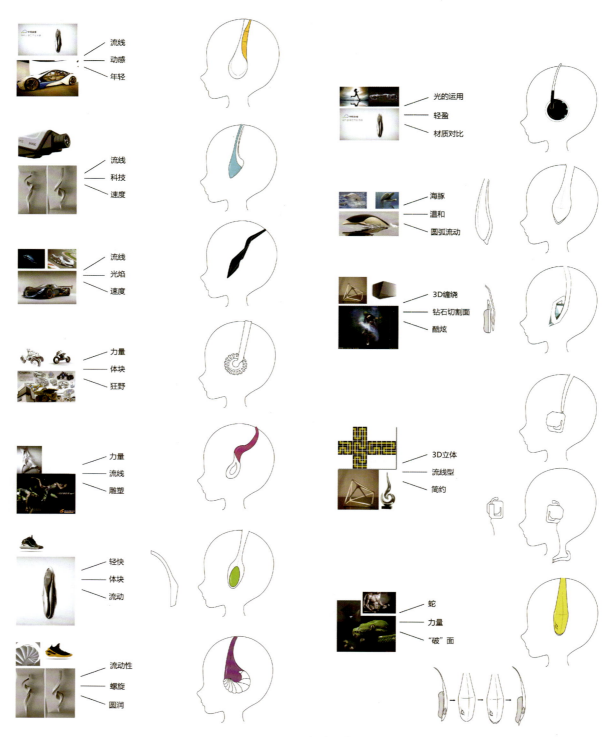

图4-31 运动概念发想过程

（5）专业组。CCA 头戴式耳机效果如图 4-32 所示。

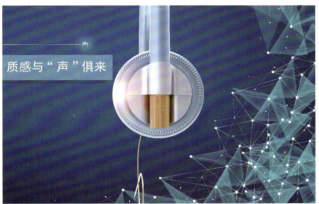
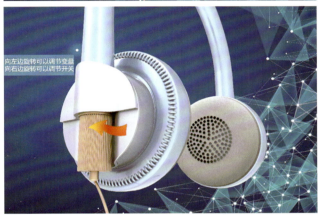

图 4-32　专业概念发想——CCA 头戴式耳机效果

4.2.3　产品材料和工艺设计（CMF 案例）

CMF 表示的是 Color（色彩）、Material（材料）及 Finishing（表面处理工艺），CMF 设计是构成产品造型的基础。在琳琅满目的商品货架中，色彩是最能够吸引消费者眼球的 CMF 元素，而材料与表面处理工艺是消费者衡量产品质量优劣与性价比高低的重要指标。产品设计的终极目标应该是为用户带来完美的体验，仅仅吸引用户的眼球是不够的。为了提升用户的使用体验，还需要通过 CMF 设计满足用户的需求。真正好的 CMF 设计是能触动心灵，给人惊喜。真正好的设计不在于利用 CMF 把产品做得多么耀眼，而在于如何打动用户，提升用户的使用体验。例如鲜明的颜色更适合青少年，质朴的灰白更符合老年人的审美。玻璃材质适合应用在成年人的产品上，婴幼儿产品要尽量避免对玻璃等易碎材质的使用。青年人喜欢表面光滑的产品，能够突显简约。对于盲人以及残障人士而言，要尽量增加操作部件的摩擦力，防止误操作。CMF 是连接产品与用户的纽带。

1．案例一：iPhone 11（图 4-33）

（1）颜色。iPhone 11 用到了香槟金（金色）、墨绿（暗夜绿）、亮银（银色）和黑色（深空灰）四种颜色。除了常见的氮化钛金色、氮化铬银色、碳化钛黑色之外，iPhone 11 还用了氮化锆绿色，基本上把几种自有色靶材都用上了。

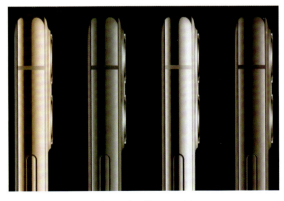

图 4-33　iPhone 11

（2）材质。iPhone 11 的材质是铝合金边框加前后玻璃面板。采用阳极氧化铝和玻璃设计，搭载 A13 Bionic 芯片，超广角相机支持 2 倍光学变焦。作为苹果的常规旗舰产品，iPhone 11 整体实力还是颇为出色的，虽然外观上依旧是较宽的大边框，屏占比有些中规中矩，但得益于苹果 A13 处理器与封闭性 IOS 系统的加持，其在性能与流畅度方面均处于行业顶级水平。

（3）工艺。

① 抛光：玻璃抛光本身并不难，在 iPhone 11 机身上最难的地方是摄像头凸台以及凸台周围的内导角，如图 4-34 所示。既要抛光又要保证弧度和立边，可能需要调用化学抛光（粗抛）、研磨（可能要定制抛光轮），甚至磁流变抛光等多种手段，绝非一两种抛光方式单独能胜任的。

图 4-34　凸台及内导角

② AG：防眩光玻璃（Anti-Glare）。目前市面上主流的 AG 技术有蚀刻法（减法）和淋砂法（加法）两种。前者精密度和表面测试性能高但需要用到氢氟酸，环境成本和设备成本都非常高，适合用来加工小面积光学玻璃；后者环保而且成本低廉，但精密程度（特别是粗糙度均匀性）和表面测试性能都不理想，一般用来做大面积的日用玻璃。

2．案例二：智能蓝牙音箱

智能蓝牙音箱市场较大，消费群体主要是 17～29 岁的年轻人。对年轻消费群体及蓝牙音箱市场进行调研，在仔细分析了蓝牙音箱 CMF 的前提下，前往当下主流的电商平台（淘宝、京东、苏宁易购等）及博士、哈曼、雅马哈等品牌的官方网站，从多个主流音箱品牌中搜集到蓝牙音箱样品 241 个。剔除相同或相似的 CMF 样本后，共获得 105 个样本，对 105 个样本的 CMF 进行归纳整理，并以科技感—传统、极简风格—奢华风格和柔美融合—僵硬突兀为坐标轴，与样本制作聚类分析图，如图 4-35 所示。

经过筛选，最后确定了颜色样本为紫色、橙色、浅灰色、天蓝色、深灰色、香槟金、蔗灰色、黑色。材料是构成产品的基础，其表面粗糙度、洁净度、软硬度等特性通过人的触觉、知觉形成物理刺激，继而产生某种心理反应，所以材料样本的选取至关重要。同样的方法，通过对现有产品的分析，共得到以下材料及表面处理工艺样本：塑料、塑胶、陶瓷、绒布、金属（合金）、表面磨砂、高光喷涂、亚光喷涂。

提取出适合智能蓝牙音箱的 CMF 设计元素，最后综合实验数据、产品特性、用户人群，选取最契合的元素，并将这些 CMF 设计元素应用到 CMF 设计实践中。根据研究结果，决定在蓝牙音箱的 CMF 设计方案 I 中采用芦绿色、塑料、绒布等 CMF 设计元素；方案 II 中采用浅灰色、深灰色、芦绿色、塑料、绒布、表面磨砂、高光喷涂等 CMF 设计元素。方案如图 4-36 所示。

为了突出"极简风格"的设计主题，蓝牙音箱的主色调采用冷色调的芦绿色与中性色调的浅灰色，因为芦绿色和浅

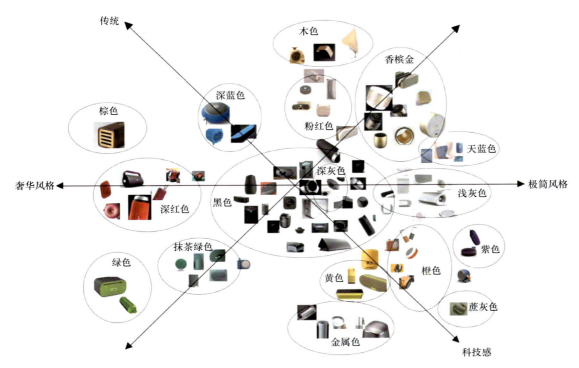

图 4-35　CMF 样本分析图

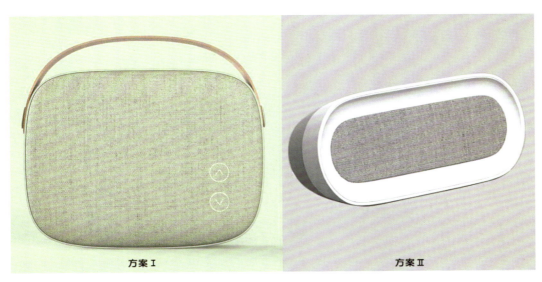

图 4-36　设计方案

灰色能更加凸显产品的洁净感。方案Ⅰ的整体材质使用绒布，用木材进行点缀，极具极简特征；方案Ⅱ后部的底座部分运用了深灰色，能够增强视觉稳定性。蓝牙前端的出声口采用绒布材质，不仅能够隔离灰尘，还能够和底部的深灰色形成呼应。蓝牙音箱的整体材质使用的是塑料，因为塑料具有良好的韧性，并且便于清洗表面灰尘，塑料部分的表面处理采用的是磨砂，使得蓝牙音箱的质感得到提升。

4.3　产品改进性设计

产品改进性设计是产品改良设计中要求较高的一种设计，通常比产品改观性设计复杂一些，不仅仅是调整外观中的造型、CMF 设计，一般还需要对产品功能和结构进行重构，以使产品适应新的场景和消费者需求。

如图 4-37 所示是最近几十年手机的进化版。在不同的阶段，手机的设计有不同侧重点，中间技术主导了几次关键技术革新，比如从物理键盘调整为虚拟键盘，要辅以全新的改良设计，属于改进性设计。而在 Nokia 时代，手机技术比较稳定，大多数设计属于改观性设计，以适应消费者喜新厌旧的商业需求，这也正是美国主导的样式设计——计划废止制度在现代的表现。

图 4-37　手机改良设计演化图

4.3.1　产品功能改造

产品改进性设计中，有一类产品在原有技术原理不变的情况下，通过对功能的改造完成了对产品的改良设计。这类产品是对新的应用场景和用户需求进行分析后的创新改良，这种设计有机结合了新功能，或者改善了原有功能，获得了更好的用户体验，是用户思维的有效体现。

案例：手电筒设计

1. 产品主要信息分析

（1）产品背景。手电筒，英文是 Flashlight 或 Torch，是一种手持式电子照明工具。一个典型的手电筒有一个经由电池供电的灯泡和聚焦反射镜，并有供手持用的手把式外壳。虽然是相当简单的设计，但它一直至 19 世纪末期才被发明，因为它必须结合电池与电灯泡的发明。在早期也是因为电池的蓄电力不足，在英文中它才被称为"Flashlight"，意即短暂的灯。

（2）手电筒结构与零部件作用。手电筒主要由电源（锂电池）、导线、电路板、开关和 LED（发光二极管）五部分组成。

主要部件由壳体、开关、电源线、LED（发光二极管）、扁头两极电源插头、反光杯、底座、螺钉、镜片等组成。

手电筒各部分的作用如下：

①壳体：保护内部零件。

②开关：控制手电筒的工作状态。

③电源线：传导电流。

④LED（发光二极管）：发光照明。

⑤扁头两极电源插头：充电。

⑥反光杯：控制光线的传播方向。

⑦底座：固定插头。

⑧螺钉：固定机件。

⑨镜片：保护灯泡。

（3）手电筒结构与零部件分析。

①外壳和开关：是ABS和PA合成的塑料材料，ABS材料是丙烯腈（Acrylonitrile）、丁二烯（Butadiene）和苯乙烯（Styrene）三种单体的接枝共聚物。

②插头：材料为不锈钢（铁材）。

③底座：塑料部分为ABS塑料，两接触片为磷铜片。

④反光杯：一次脱膜完成的光面塑料（ABS塑料）。

⑤电池：锂电池。

⑥电路板：也称为印制电路板，生产所需的主要原料包括覆铜板、铜箔、半固化片、化学药水、阳极铜/锡/镍、干膜、油墨等。

⑦LED：用多个二极管组成，固体冷光源，环氧树脂封装。

2．手电筒产品采样

将手电筒进行拆解、手绘和还原建模，如图4-38和图4-39所示。深度了解产品的功能布局和工作原理，并对结构设计和相关功能细节设计进行重点了解。

图4-38　手电筒改良设计前的采样

图4-39　手电筒工作原理建模学习

图4-40　手电筒设计历史学习

3．各种手电筒竞品和发展

从经典的手电筒到各个改良方向的手电筒进行代表性收集，并比较设计特点，进行归纳总结，包括发展趋势的研究、消费用户和使用场景的分析，如图4-40所示。这些手电筒的设计有一个共同特点：基于手电筒传统技术和发光方式，即使通过手摇充电，仍然没有跳出单一手电筒功能限制。而这完全可以由手机闪光灯替代，需要从新的角度对手电筒进行改进性设计。

4．用户需求角度的手电筒改进性设计

通过调研市面上手电筒使用场景和用户需求，重新架构产品功能，完成产品的改进性设计。

第一款改进性设计：防身棒球棒手电筒设计，如图4-41所示。

创意说明：通过重新思考手电筒使用场景，完成照明与防身功能的有机结合。一般手电筒会在黑夜中作照明用，而防身棒球棒通常在面临安全隐患时才使用，考虑到这一特殊关联，能过头脑风暴法将手电筒进行放大创意造型变成棒球棒，来实现防身功能。

图4-41　手电筒改进性设计（一）

在产品设计细节上，采用高硬度铝合金材质和传统的CNC加工工艺。可智能调光，增强的手电筒强光可以照射300 m距离，提供锂电池和干电池两种供电方式。

第二款改进性设计：自行车蓝牙音箱手电筒设计，如图4-42所示。

通过观察特定人群使用手电功能，在场景中集成必要功能。特别是自行车户外骑行爱好者使用产品，要集成便携功能作用。

图4-42　手电筒改进性设计（二）

4.3.2 产品性能改进

产品改进性设计中，在产品原有技术原理或者应用场景发生根本变化的情况下，通过对产品技术工作原理进行梳理，辅以全新的外观和人机界面，完成对原有产品性能的改进。该类产品改良设计是与产品技术革新息息相关的，属于技术驱动型产品设计。

案例：空气净化器设计（图 4-43）

空气净化器是基于客户在空气净化领域的需求开发的产品，合作客户有三家，分别是九殿（车载空气净化器）、幸福森林（桌面空气净化器）和朗科（新风机设计）。下面分别从不同角度阐释空气净化器设计功能、商业性、技术驱动和未来趋势等。

第一阶段：空气净化器的使用环境发生了根本变化，从家用环境变成了车载环境。在原有空气净化器工作原理下，研究车载环境下的各方制约因素并进行改进设计，如图 4-44 和图 4-45 所示。

总体设计较家用产品小，参考车载杯座采用水杯圆柱形的安全设计，市面上有很多粘贴在车载前挡面板上的空气净化器是不符合车载环境安全规范的。设计人员通过对环境进行有效研究和分析，最终完成两款产品，嵌入传统空气净化结构模块，设计基本产品装配结构，如图 4-46 和图 4-47 所示。

经过第一阶段的设计，初步完成空气净化器产品的改良。随后基于公司的需求和市场第一阶段设计产品的反馈，工作室团队再次对产品进行了改进升级，加入产品仿生设计和功能改进，如图 4-48 和图 4-49 所示。这一改进属于产品语义和功能的改造，所以在产品改良设计的迭代中，各种类型的产品改良没有明显界限，甚至运用了很多创新设计思维和

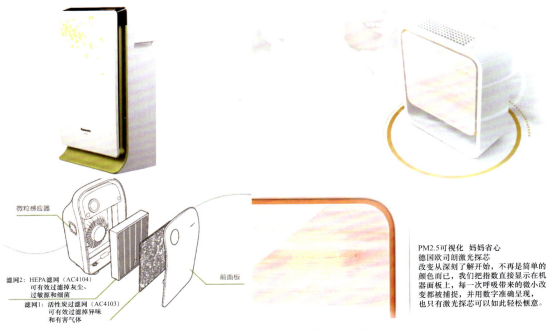

图 4-43 市面主流空气净化器产品

图 4-44　车载空气净化器开发——净

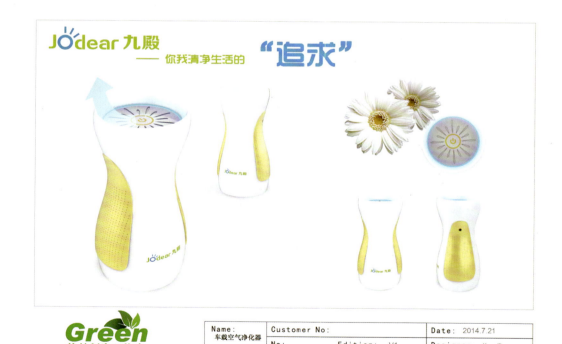

图 4-45　车载空气净化器开发——追求

图 4-46　车载空气净化器开发——超越

图 4-47　车载空气净化器开发——希望

图 4-48　造型仿生科技感车载空气净化器

图 4-49　加入预制的香薰片车载空气净化器

图 4-50　运用新技术改进的桌面空气净化器（一）

方法，本书做区分是为了帮助初学者进行有效理解和学习。

第二阶段：在完成上述预案后，工作室团队对空气净化器积累了丰富的经验，迎来第二个客户——幸福森林。该公司在技术上对空气净化器进行了革新，工作机制类似于热带雨林的自然空气净化系统，这样基本不需要活性炭等昂贵的耗材，同时能够在净化器顶端引入常见的水绿植物。这是一款典型的改进性产品改良设计。在对产品原理和架构进行学习和调研后最终完成产品的概念设计，如图 4-50 和图 4-51 所示。

该类产品应用环境主要是桌面，且净化技术发生了根本变化，最后呈现全新产品性能和外观。

第三阶段：随着市场对空气净化器的认知，消费者对家用空气净化器的要求越来越高，开始要求用新的空气净化技术来提供更加优质的空气质量，新风机开始在市场上应运而生。这时工作室团队迎来了第三个客户——朗科。

新风机是一种有效的空气净化设备，能够使室内空气产生循环，一方面把室内污浊的空气排出室外，另一方面把室外新鲜的空气经过杀菌、消毒、过滤等后，再输入室内，让房间里每时每刻都有新鲜的空气。新风机进气结构原理图如图 4-52 所示。

大体成圆，切口为方象征

智圆行方
知识要广博周备，行事需方正不苟

整体外形呈球状。LED装饰灯带位于出风口与花槽交接处，在出风的同时有利于LED的散热。触摸感应按键沿着弧度切口排列，通过沿着切口滑动的方向来调节灯的明暗，符合人机工程学原理。透明花槽材质为亚克力，底部埋管。

图 4-51　运用新技术改进的桌面空气净化器（二）

持续微正压交换
流入更多洁净氧气

要知道带走有害气体，有效方法是开窗换气。智米新风系统通过多重过滤净化进入室内的空气，使室内气压变高形成微正压。利用空气流动持续稀释室内污浊空气，通过房间空隙排出，同时阻挡未净化空气的侵入。

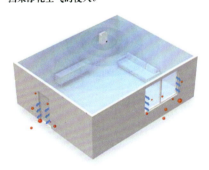

图 4-52　新风机进气结构原理图

新风机运用新风对流专利技术，通过自主送风和引风，使室内空气实现对流，从而最大化进行室内空气置换。新风机内置多功能净化系统，保证进入室内的空气洁净、健康。新风机主要分为排风式新风机和送风式新风机两种类型，可以在绝大部分室内环境下安装，安装方便，使用舒适。新风机是家居生活的健康伴侣。1935 年，奥斯顿·淳以发明制造出了世界上第一台过滤空气污染的热交换设备，被称为"新风机"。

通过前期调研，工作室团队提出了鱼缸与新风机结合、电子相册与新风机结合的理念。目前产品处于保密研发状态。这里可以参见小米新风机系统设计，如图 4-53 和图 4-54 所示。

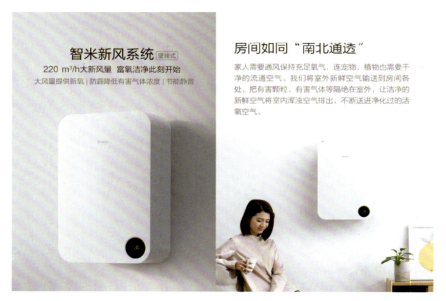

图 4-53　小米新风机介绍

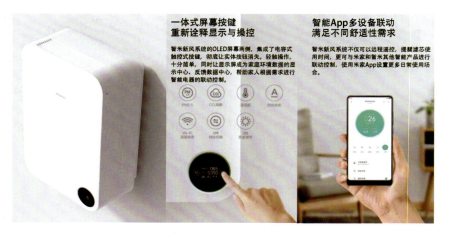

图 4-54　小米新风机设计

  本节通过以上三个空气净化器实例，有效阐述了产品改良设计中的性能改进设计。此类设计需要深度研究新产品开发中的变量因子，比如产品应用环境、产品技术原理等的改变，有效调整原有产品的造型和人机界面，改良原有产品性能，使之适应新的消费市场。

第 5 章 案例分析

5.1 小米红外遥控器拆机报告

产品拆机能够提高动手操作能力，了解产品功能、运作原理和内部零件的装配、布局、用料、做工等知识，为设计提供参考数据。常用拆机工具如图 5-1 所示。

5.1.1 拆机注意事项

（1）安全第一；

（2）无损条件下进行产品拆解；

（3）记录好拆卸前的布置及零件位置和拆解过程；

（4）一般产品拆卸时切勿用蛮力；

（5）拆卸前最好弄明白产品的工作原理，预先分析好产品的结构、材料特性；

（6）产品零部件重新组装后，能正常使用。

图 5-1 常用拆机工具

5.1.2　拆机报告要求

（1）分析产品的工作原理、使用方式及使用场景；
（2）记录拆卸前的布置及零件位置和拆解过程；
（3）分析产品的组成架构、模具出模方向、材料选用、成型工艺、表面处理工艺、结构装配方式等。

5.1.3　拆机报告示例——小米红外遥控器拆机报告（图 5-2 ～图 5-12）

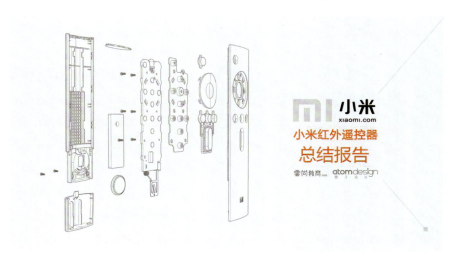

图 5-2　小米红外遥控器总结报告

图 5-3　小米红外遥控器外形

拓展案例：产品拆解-
小米红外线遥控器

拓展资料：产品拆解
工作场景

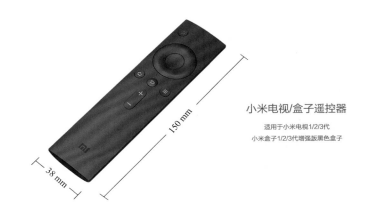

图 5-4　小米红外遥控器尺寸

图 5-5　小米红外遥控器电池

遥控器功能原理：
Remote control function principle

通过红外发光二极管发射信号，接收器将红外信号转变成电信号，进处理器进行解码，解调出相应的指令来达到控制。

图 5-6　小米红外遥控器工作原理

产品外观分析：
Product appearance analysis

外观整体完整度高，未发现有打螺钉孔槽；
外观表面没有发现标签贴；
后壳为可更换电池设计，使用2032纽扣电池供电，抽盖发现由2颗螺钉固定。

图 5-7　小米红外遥控器外观分析

图 5-8　小米红外遥控器出模方向分析

图 5-9　小米红外遥控器 LOGO

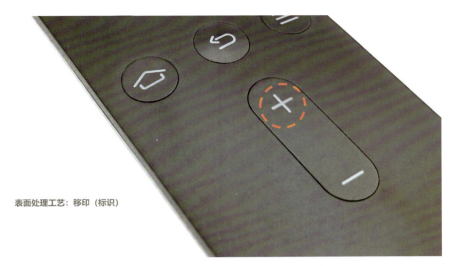

图 5-10　小米红外遥控器表面处理工艺

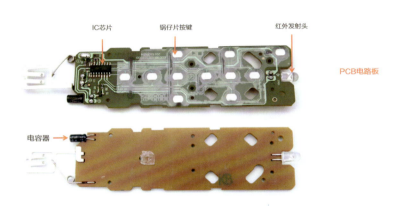

图 5-11　小米红外遥控器电路板（一）

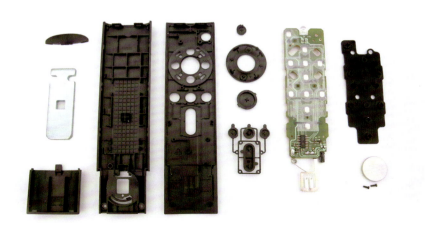

图 5-12　小米红外遥控器电路板（二）

5.1.4 小米红外遥控器产品——知识点总结

拆机工具：三角撬片、撬棒、螺钉旋具。

运作原理：红外发光二极管发射信号，传送到解码与接口电路，从而完成相应的遥控功能。

标准零件：红外发射头、2032 纽扣电池、PCB 电路板、电池连接片、电容器、轻触开关、螺钉、锅仔片按键、IC 芯片。

材料特性：ABS、PC、硅胶。

塑料回收标志。

塑料产品成型方式：注塑成型。

塑料模具知识：拔模斜度、分模线、分型线、顶针、斜顶、注水口。

表面处理工艺：晒纹、移印、抛光。

产品结构名称：止口、防呆设计、加强筋、限位筋、定位柱、热熔柱、导光件、悬臂式按键、配重铁块、网格式筋骨、电池仓设计。

产品装配固定方式：卡扣、打螺钉、胶粘。

塑胶件成型缺陷：缩水。

5.2 充电器的改良设计

5.2.1 项目背景

该项目是 iPhone 在世界上畅销的时候，由于 iPhone 的充电器被需要，一家日本客户开发的一系列卡通充电器。这一类与充电相关的产品要符合相关出口标准，必须达到安全防火等特征。该项目由深圳市西西艾创新科技有限公司承接，公司已完成多款 iPhone 周边产品的研发，具备雄厚的结构和电子设计能力。此类产品设计，属于改观性产品设计，需要尽快满足客户的审美需求，且要最大限度降低成本。

5.2.2 产品设计信息采样

该产品外观主要为方盒子造型，类似产品主要采用工程 PC、ABS 塑料，插头采用钣金，如图 5-13 所示。主要功能是供充电用，产品有一个或者多个 USB 接口，指示灯可选。目标产品造型特点为卡通迷你，在材料与工艺方面需要注意成本，壳体设计造型独特，配合采用上下壳等。

大约尺寸：40 mm×40 mm

图 5-13　一般改良 iPhone 充电头

效果图展示：迷你卡通充电器

5.2.3　产品改良策略

此类产品设计，属于改观性产品设计，需要考虑客户提供的外观设计需求关键词，即卡通迷你。调研后发现产品一般采用方盒子形，比较冷漠。考虑通过丝印图案改变产品外观，形成系列，完成产品的低成本改造。产品结构依然采用上下壳，插头金属采用收纳设计达到迷你需求，如图 5-14 和图 5-15 所示。

5.2.4　产品整体说明

该产品外观采用类似米老鼠的卡通造型，采用上下壳 PC，且不额外增加模具费用，通过更换壳体塑料的颜色和匹配不同的丝印图案，以低成本获得了系列卡通形象；采用折叠插头，达到缩小形体的目的，如图 5-16 所示。

最终完成产品改观性设计后，客户很满意。在产品改良设计中，改观性产品设计既要满足客户的审美需求，又不能额外增加产品的开发成本。在一些成熟的产品设计中，可以从基本的 CMF 工艺着手，进行低成本迭代设计，这样才能提高设计效率，适应商业社会。

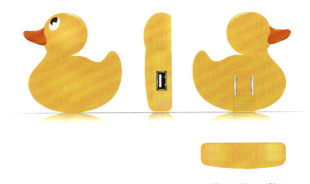

72 mm×66 mm×20 mm

图 5-14　卡通鸭子 iPhone 充电头

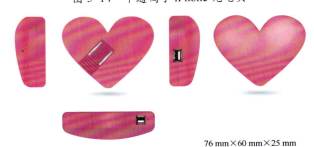

76 mm×60 mm×25 mm

图 5-15　心形 iPhone 充电头

SIZE：65 mm×52 mm×20 mm

图 5-16　最终的卡通充电头设计

5.3 壁炉控制器的改良设计

5.3.1 项目背景

客户已完成产品功能电子模块架构,需要打造一款与众不同的壁炉控制器。客户位于北欧国家,这一产品是电子壁炉的控制器,需要接收信号,可以提供遥控器设计方案供客户选择。此类产品设计,属于改观性产品设计,需要紧密与电子工程师沟通,考虑产品的使用环境,注意效果图的制作。

5.3.2 产品设计信息采样

该产品外观主要为方盒子造型,类似产品主要采用塑胶,有些简单功能产品采用钣金,目标产品造型特点为简约可靠,在材料与工艺设计方面需要结合已形成的电子模块,壳体设计造型独特,安装维修方便。

5.3.3 产品改良策略

调研后发现产品一般采用方盒子形,比较冷漠。考虑在外观上引入独特设计语义,完成产品的改造。产品结构依然采用上下壳。

在沟通过程中,明确电子产品功能细节,如图5-17所示,调整开关模块转90°是与电子工程师沟通的结果。

5.3.4 改良产品工程细节

改良产品的工艺和结构设计说明,底部结构设计符合壁炉控制器的安装需求,开口兼容电子模块的外部结构,留出了天线口,整体产品满足了客户需求,造型语义简单改良即完成产品样式的更新,如图5-18所示。

5.3.5 产品整体说明

该产品外观采用钢琴语义,不额外增加模具费用。同时兼容电路板的各接口,采用实际电子模块外观建模,完全满足客户需求,如图5-19所示。

最终完成产品改观性设计后,客户很满意。在产品改良设计中,改观性产品设计既要满足客户的审美需求,又不能额外增加产品的开发成本。在设计工作开始时要紧密与电子工程师、结构工程师沟通,这样才能提高设计效率,获得客户认可。

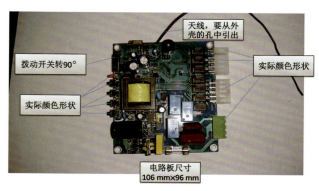

图 5-17 产品技术电路板

图 5-18　产品底部固定结构设计

图 5-19　产品外观改良设计

5.4　机顶盒的改良设计

效果图展示：壁炉控制器

5.4.1　项目背景

客户是北京一家初创型小企业，专注于小型服务器和机顶盒的研发，客户有自己的销售渠道，初步就产品研发达成了订单需求。核心任务是设计一款价格不高于之前客户采购成本的机顶盒，目前无明确产品风格。该产品可能带来大量订单，关乎企业未来发展。具体是以最快的速度和最低的成本设计一款小型机顶盒。跟客户做了简单的沟通，他们找过公模壳体，但没有合适的壳体直接使用，且他们还是想做一个属于自己公司的产品。但难点就是产品需求急，且生产成本要比市面低。该案例是一款改进性产品设计案例。

5.4.2　产品设计信息采样

该产品外观主要为方盒子造型，类似产品主要采用塑胶，有些简单功能产品采用钣金，目标产品造型特点为简约可靠，在材料与工艺方面需要采用快速折中方案，壳体简单，组装方便等，如图 5-20 所示。

5.4.3　产品改良策略

对市面类似的产品做了充分的了解后发现，大部分产品都是塑胶壳体，需开塑胶模具，但开模周期至少需一个月，且前期的模具费少者也有五六万元，也是不小的投入。有些需要散热的采用的是铝合金材料，但大多需要机械加工，成本较高。

考虑到这些之后，决定采用钣金工艺加工，前期激光切割下料，折弯成型，表面做喷油工艺。方案定型后两天可出成品，如图 5-21 所示。

图 5-20　方盒子造型

图 5-21　钣金成型

5.4.4　改良产品工程细节

改良产品的工艺和结构设计说明，整体产品满足了客户需求，造型随着材料与工艺的改良顺理成章地显现，没有过多的修饰，是功能决定形式的结果，如图 5-22 所示。

5.4.5　产品整体说明

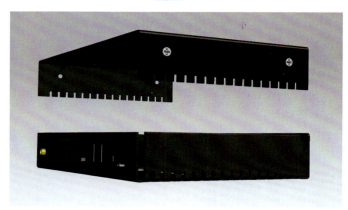

图 5-22　改良细节

为了解决设备散热的问题，没有采取传统的直接开散热孔的方式，以免影响外观的简洁和美观度，而是把散热孔调整到底部，如图 5-23 所示。散热孔整体上是美工槽板的装饰，既成为产品的点缀，又能满足散热的功能。

方案定下来后，客户很满意，从时间上和成本上都满足了客户要求。通过此案例，我们可以看到，产品设计需要以满足客户要求和市场要求为前提，为达到这个目标，不仅需要设计美学方面的知识，还需要对产品的材料和工艺做多方面的了解与学习，跳出现有类似产品的材料和工艺范围，寻找改良解决方案。

图 5-23　最终机顶盒设计

5.5 电动搓澡仪的改良设计

5.5.1 项目背景

1. 产品发展背景

人们对于肌肤的清洁，除了采用传统的刷子工具外，越来越多的人选择使用皮肤清洁仪器，而搓澡仪就是其中之一。一个人每天洗澡清洁身体肌肤，需要用到工具清理的情况，可简单归纳为三个方面：洁面、搓背、去脚底死皮。但目前市场上大多清洁仪器都是一对一清理的，以至于需要购买多款产品才能达到清洁使用需求，且占用很大的浴室空间。故单一功能的普通搓澡仪已经满足不了现在的市场需求，客户希望能做一款家用的多功能电动搓澡仪，实现一机多用，带来新的沐浴体验。

2. 产品功能和特色

电动搓澡仪含有以下功能：

（1）电动旋转刷头，只需轻轻放在清洁部位就可以达到清洁效果，节省时间与体力消耗。

（2）不同种类的搓澡仪，可以应对不同部位的肌肤清洁，也可以根据性别、年龄层进行选择。

（3）具备深层清洁毛孔、按摩活血、去角质和清除螨虫的功效，让肌肤焕发光彩。

（4）洗浴无束缚，使用仪器便可轻松清理任意部位，深层洁净。

（5）搓澡仪的机身具有 IPX7 防水等级，防水力度极强，防止渗水短路产生危险。

（6）一键开关操作，控制简单。

（7）3 挡智能控制（舒缓模式、日常模式、强劲模式），满足不同力度需求。

（8）机身整体光洁不藏污垢，轻轻水洗就可以将残留清洁剂冲洗干净。

5.5.2 产品设计信息采样

（1）材料信息：主体材质为 ABS。

（2）色彩特征：主体颜色为白色，局部采用包胶达到防滑的作用，同时也起到装饰效果。

（3）使用功能：将清洁剂涂抹到皮肤上，将清洁仪刷头轻贴皮肤，开启机器，通过电机带动刷头进行连续旋转，打起气泡按摩清洗，实现深层清洗效果。

（4）价格特点：经济型产品，价格一般为 100 ~ 300 元人民币。

（5）使用场景：家用浴室。

（6）手柄尺寸：一般为 370 ~ 390 mm。

5.5.3 产品改良策略

改良策略是将主机、长手柄、刷头进行可分离的卡扣拆装设计，用户可自由切换长柄和无柄2种模式，加上其原本设计的6个刷头（从温和到超强清洁力度，包含清洁婴儿肌肤、温和清洁、净洁肌肤、日常清洁、深层清洁、去死皮），相当于2×6=12（种）使用方式，完美贴合12种使用场景。以往的搓澡仪都是长手柄一体机身形式，新的改良则可以多方面贴合不同的使用情况，贴合用户的使用习惯。实际上，我们的皮肤各个部位的敏感度、粗糙度各有不同，取决于皮肤内的神经密集度和角质层厚度，所以在做清洁时，需要用到不同的材料和毛柱粗细、排布不同的刷头，用户也需要用到不同的力度与用力角度来进行清洗，这些是影响我们的清洁效果和使用体验的主要因素。

新款多功能搓澡仪，在拆除长柄，无柄单独使用时，可变成体积小、灵巧的清洁仪，让用户灵活刷身洗脸，手握部位使用双凹槽设计，不打滑，更好用；主机接上手柄，延长机身，即可变成长柄刷子，轻易清洁双手难以触摸到的肌肤死角，如背部等地方。这样的改良让产品的使用场景更广，可以满足用户的多种使用需求。

1．更多的优点

（1）在电机与刷头旋转配合的位置设计了一圈安全墙，以防毛发卷入。

（2）创新旋风刷头，18 W超强电机，12 000次/min，高速旋转+强劲动力快速疏通毛孔，清洁毛囊内深藏污垢，彻底净化肌肤。

（3）手柄长度增加到420 mm，扩大可适用人群，同时手柄握手位置采用TPE包胶，因TPE材料止滑性好，且弹性触感佳，可提升制品的触摸手感，增强握持性，达到很好的防滑效果，不易脱手，更易于使用。

2．完善的刷头配件

（1）净洁肌肤刷头。在使用过程中不会直接冲击毛囊，柔和洁肤，避免毛孔越洗越大。使用后快速干燥，减少细菌滋生。毛柱粗细有序排列，可清洁肌肤表层复杂轮廓，适用于净肤洁面。

（2）婴儿肌肤刷头。医用软性LSR硅胶，细腻柔软，无毒无味，具有抗菌的效果，安全，不刺激肌肤，不损伤角质层，一般用于婴儿、儿童清洁。

效果图展示：电动搓澡仪

（3）温和清洁刷头。医用软性 LSR 硅胶，粗细交错毛柱亲和肌肤，温和洁肤。

（4）日常清洁刷头。针对洗澡设计的刷头，刷毛浓密，细致柔软，可快速搓起泡沫，便捷清洗。

（5）深层清洁刷头。刷毛偏硬，高低交错设计增加皮肤摩擦系数，有效搓泥，清洁效果好，主要清洁背部，配合长柄使用最佳。

（6）去脚底死皮刷头。精选钢化玻璃石，快速清理厚重的死皮、角质。

5.5.4　概念设计

电动搓澡仪建模如图 5-24 ～图 5-26 所示。

5.5.5　改良产品渲染效果图

材料主体材质为 ABS，注塑成型工艺，手柄局部包胶（TPE），二次注塑工艺。改良产品渲染效果如图 5-27 ～图 5-32 所示。

图 5-24　建模图（一）

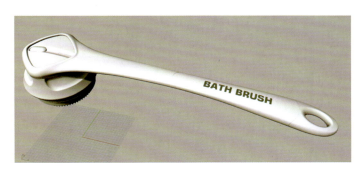

图 5-25　建模图（二）

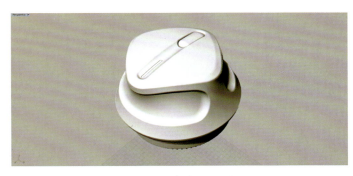

图 5-26　建模图（三）

图 5-27　长柄形式效果（一）

图 5-28　长柄形式效果（二）

93

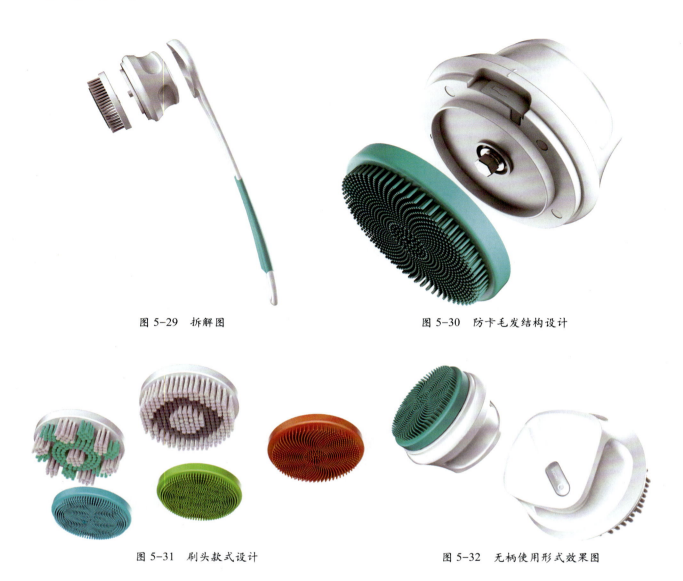

图 5-29　拆解图　　　　　　　　　图 5-30　防卡毛发结构设计

图 5-31　刷头款式设计　　　　　　图 5-32　无柄使用形式效果图

5.6　儿童背包的改良设计

5.6.1　项目背景

1. 产品公司简介、品牌个性和理念

客户是一家亲子户外的童包品牌企业。品牌理念："带领小朋友穿越森林，开启新世界的大门，探索人生的妙趣。集结专业且创意十足的设计概念，目的是提供一个更舒适、更环保、更安全的产品。"

客户要求儿童背包设计不同于传统儿童背包外形的设计效果，突破市面上现有的背包外观效果，且设计概念、形象提炼都要深入人心，并且贴合孩子和家长的喜好。

2．产品发展背景

对于有小孩子的家庭来讲，每次外出散步、出游或者让小孩子上兴趣班，一般都会携带一定数量的儿童物件，比如玩具、零食等，所以给孩子配备一个儿童背包，装载自己的小物件，也是非常有必要的。

传统的儿童背包，大多数采用涤纶、尼龙、帆布、牛津布等布料，由车缝工艺加工而成，其优点在于：制作灵活，可以搭配的材料十分多样；质地轻盈柔软，体积小。缺点在于：外形容易扁塌，背包形态不能得到良好的保真展示；纯布料无支撑框架，难以保护装载的物件；容易粘污，由于布面材料不好清理，导致后期使用容易变脏变旧。

3．产品功能和特色

儿童背包的主要功能和特色有以下几点：

（1）便于收纳携带，孩子在外出游玩或学习时，用背包装上玩具或其他物品；

（2）锻炼自主能力，让孩子学会独立自主，自行承担玩具的"质量"；

（3）加深亲情互动，与家长学习收纳整理，增加亲子交互；

（4）更好地提升孩子天真活泼、可爱的气质形象，提升自信心；

（5）安全环保，材料采用无毒无害绿色材质；

（6）使用舒适，避免因背包尺寸、质量和材质影响孩子身体成长。

5.6.2　产品设计信息采样

（1）材料信息：儿童背包的主体一般采用帆布、涤纶、尼龙等材质；提手、调节带等部位主要为尼龙材质；背部由透气的网布、发泡层和尼龙材质构成，背包内部主要由网布和涤纶构成。

（2）色彩特征：主体颜色偏向清新粉嫩，色彩丰富。

（3）一般尺寸：300 mm（高）×210 mm（宽）×120 mm（厚），260 mm（高）×210 mm（宽）×120 mm（厚），360 mm（高）×290 mm（宽）×150 mm（厚），根据儿童身高选择不同的背包尺寸。

（4）使用功能：外出携带，收纳。

（5）价格特点：一般为140～250元人民币。

（6）制作工艺：一般为车缝工艺。

（7）使用场景：景点、商场、道路、公园、幼儿园等户外环境。

（8）使用人群：2～6岁儿童。

（9）质量：150～310 g。

5.6.3　产品改良策略

本次设计，不同于传统背包以牛津布、尼龙等为主要制作材料，而是采用了EVA为包身主要造型材料，通过EVA热压成型得到背包主要壳体，再用车缝工艺将其余部位进行缝合，得到支撑性强、外形保真度高、整体效果光泽亮丽的3D背包外观。

由于主体材料EVA的支撑性强，整体效果立体有档次，而传统布制背包则容易扁平、塌陷，此方法制作的背包有足够的强度和弹性，可以极大地提高背包外观的保真度。同时，还可以很好地保护背包内装载的物件，耐用坚固。由于是一体EVA热压成型，产品的可塑性高，一定程度上简化了加工步骤，提高了加工效率。将图案印刷在PU层上，进一步涂覆PU光油，从而让壳体颜色鲜艳光泽，达到光面视觉效果，且PU光油面光滑不粘污渍，方便清洁，可长期保持洁净光亮。

5.6.4 概念设计

在路上，孩子们捕捉甲壳虫，小小的甲壳虫在孩子们的手中安静地陪伴着，仿佛整个世界都静止了。孩子们挑逗毛毛虫，毛毛虫吓得瑟瑟发抖，那场面忍俊不禁。孩子们追逐萤火虫，蹦蹦跳跳，仿佛发现了新大陆，看着孩子们脸上洋溢着满满的幸福，一个了不起的想法油然而生，如图5-33和图5-34所示。

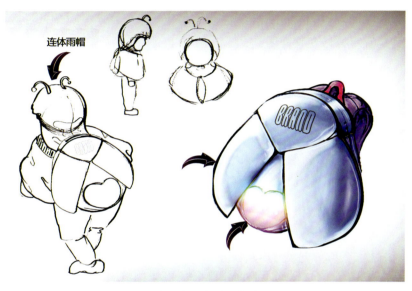

图5-33　萤火虫背包手绘概念图（一）

效果图展示：儿童背包

图5-34　萤火虫背包手绘概念图（二）

5.6.5　改良产品渲染效果图

工艺与材质说明：以 EVA 为料芯，两面覆盖尼龙材料，顶部再加上一层 PU 表皮，多层面料叠合整体热压成主壳体形态。再进一步采用车缝工艺将背包内胆、背靠、肩带和提手等部件与壳体缝合成一体。改良产品渲染效果如图 5-35～图 5-38 所示。

图 5-35　萤火虫背包三种颜色效果图

图 5-36　萤火虫背包场景佩戴效果图（一）

图 5-37　萤火虫背包场景佩戴效果图（二）

图 5-38
萤火虫背包效果图

5.6.6　实物照片

萤火虫背包实物拍摄图如图 5-39 所示。

图 5-39　萤火虫背包实物拍摄图

5.7　婴儿手推车扶手空气净化器的改良设计

5.7.1　项目背景

1．产品发展背景

由于空气污染严重，外部空气中布满着汽车尾气、粉尘、细菌、病毒等有害物质。这无疑是令新生儿父母十分头痛的问题，怎样既可以与小孩出去散心，又可以不让孩子吸入过多受污染的空气呢？针对这一痛点，本公司设计了实用新型产品——婴儿手推车扶手空气净化器。通过滤棉、风机、负离子净化模块构成的空气净化器与婴儿手推车扶手结合为一体，安装在婴儿手推车上，实时对空气进行过滤和净化，为宝宝提供一个干净的呼吸环境。

2．产品功能和特色

婴儿手推车扶手空气净化器具有以下功能：

（1）隔离空气中的尘埃、粉尘等大颗粒废物。

（2）对空气进行除味、灭菌，可抑制病毒繁殖。

（3）高效换风，有效更换车内外空气，保证净化速率。

（4）风力可有效降低车内温度，达到散热效果。

效果图展示：婴儿手推车扶手空气净化器

（5）配置空气质量数值监控屏幕，直观显示净化数值，方便观察控制。

（6）多种长度可选，可适配不同规格的婴儿手推车，适用性较强。

（7）安全童锁，净化器在不操作的情况下维持一段时间，将会自动锁屏，可避免儿童触摸到控制屏按键引发误操作。

5.7.2　产品设计信息采样

（1）材料信息：内部零件主要为过滤棉和涡轮风机，壳体材料主要为PC。

（2）色彩特征：主体颜色为黑色、灰色，采用童车常见色调如苹果绿、粉红色等基本色进行点缀。

（3）使用方式与功能原理：将扶手空气净化器安装在童车上，利用半密封透明罩覆盖童车空隙，打开扶手开关。开机后，机器实时检测童车内部空气质量数据，反馈到扶手侧边的屏幕上。调整风速挡位，风力大小分为1、2、3三个风力挡位。风机开启，将外部空气从侧边进风口吸入机器内，通过HEPA高效过滤网能有效隔绝去除99.97%以上直径为0.3 μm（头发直径的1/200）的微尘，再经过负离子净化模块区域，通过负离子与空气中的细菌、尘埃和化学物质进行结合沉淀，从而进一步过滤空气中的有害物质，再通过扶手的中部出风口将干净的空气输出到婴儿车内。

更换过滤网：新安装的过滤网在显示屏幕上灯槽显示是满格的，随着时间推移，过滤网逐渐老化，灯槽的格子显示数量也慢慢减少，直至提醒用户更换过滤网。通过拆除侧边进风盖，将废旧的过滤网拆下，更换新过滤网，再将进风盖扣回原处。

（4）价格特点：经济型产品，价格一般为200～500元人民币。

（5）使用场景：景点、商场、道路、公园等户外环境。

（6）一般尺寸：406 mm（长）×86 mm（宽）×175 mm（高），根据童车不同有多种规格可选。

（7）电源形式：充电。

5.7.3　产品改良策略

该产品的改良策略是将空气净化器结合在童车扶手部位，通过风机、滤棉和负离子净化模块形成的净化器，将被污染的空气变成干净、清新的空气，通过童车扶手部位的出风孔释放到童车内部，形成局部空气净化区域，从而保护孩子不被污染的空气侵扰。

扶手还配置了实时监控空气质量的显示屏，可查看推车内部的空气质量数值，帮助父母了解净化器的运行情况。此外，还有1、2、3三个风力挡位可选，根据环境进行风力切换。可观测过滤网实时寿命，更好地维持净化器的使用性能。当需要更换过滤网的时候，进风口面盖采用按压自动弹开式的拆装设计，操作便捷。

此外，扶手还配置了安全童锁，净化器在不操作的情况下维持一段时间，将会自动锁屏，可避免儿童触摸到控制屏按键引发误操作，长按3 s按键可以解锁。

5.7.4　概念设计

婴儿手推车扶手空气净化器手绘概念图如图5-40所示。

5.7.5　改良产品渲染效果图

工艺：注塑。

材料：内部零件主要为过滤棉和涡轮风机，壳体材料主要为PC。改良产品渲染效果图如图5-41～图5-44所示。

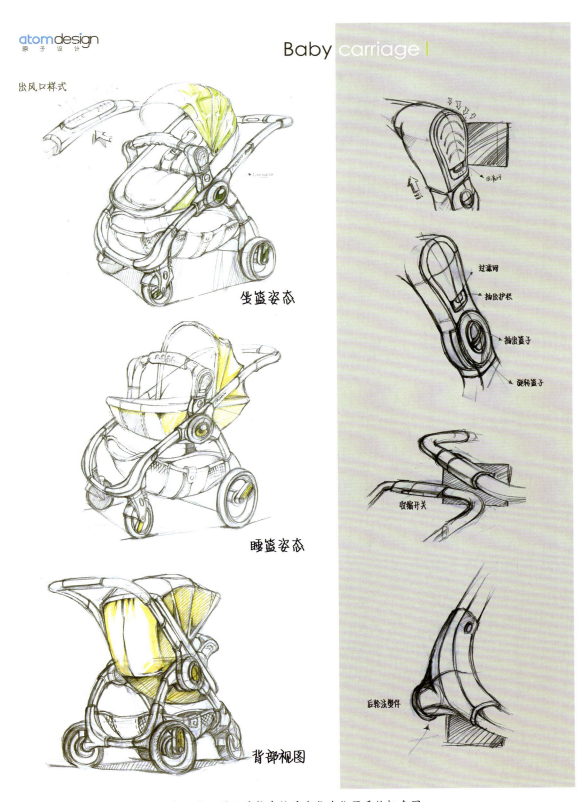

图 5-40 婴儿手推车扶手空气净化器手绘概念图

图 5-41　婴儿手推车扶手空气净化器效果图（一）

图 5-42　婴儿手推车扶手空气净化器效果图（二）

图 5-43　婴儿手推车扶手空气净化器效果图（三）

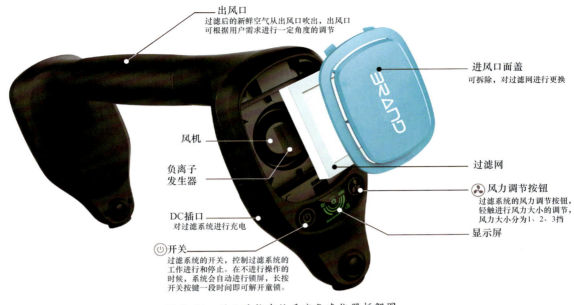

图 5-44 婴儿手推车扶手空气净化器拆解图

5.8 中频治疗仪的改良设计

5.8.1 项目背景

1. 产品公司简介、品牌个性和理念

客户是一家拥有十年家庭医用产品良好口碑的企业，企业秉持"传播健康理念，关爱生命健康"的企业文化，引进日本、荷兰先进生产工艺，拥有完善的设计开发系统和高素质的研发队伍，并聘请国内外医学和电子学专家担任技术指导，形成了完整的研发、生产、营销和服务队伍，致力于将专业的健康理念与创新产品带给万千家庭，用心为人们的健康保驾护航。

该企业主推医用产品中频治疗仪，其主要作用是利用中频脉冲电流，使药物导入皮肤，达到疏通经络血管，舒缓关节炎、筋骨疼痛、腰椎颈椎疼痛等症状的治疗效果。客户希望进一步优化产品的外观与使用交互性，从而提升产品专业、稳定和人文关怀等要素，突出品牌特性。

2. 产品发展背景

由于科技的进步与发展，越来越多的发明与技术设备，开始从实验室、医院等专用逐渐演变成人人随时随地可用。中频治疗仪就是一个典型的例子。中老年人多有关节炎、筋骨疼痛、腰椎颈椎疼痛等症状，需要借助医疗器械进行治疗，但平时没有空闲时间去就诊，又或者是身体原因不便前往就医，在无法得到治疗期间，需要自我忍受疼痛。而中频治疗仪家庭版，则是可让使用者在医生的指引下及时在家中进行自我治疗，缓解病状的医用级治疗仪。

3. 产品功能和特色

中频治疗仪的主要功能和特色有以下几点：

（1）利用中频脉冲电流，使药水导入肌肤内部，疏通经络血管，减缓筋骨肌肉酸痛；

（2）按摩模式包含拔罐、肩部、手部、足部等；

（3）针对病痛形式多样，通过切换配件可以进一步拓展治疗种类。

5.8.2 产品设计信息采样

（1）材料信息：外壳材料主要为 ABS。

（2）色彩特征：旧版主体颜色为黑色。

（3）一般尺寸：旧版尺寸为 270 mm（长）×200 mm（宽）×291 mm（高）。

（4）使用功能：将药水／水滴入配件仪器的发热板表面的海绵，再将发热板表面贴合在身上疼痛部位，配件另一端连接治疗仪主机的激光孔和输出孔，连接电源后，先选择输出时间，再选择功能模式，最后调节模式强度，便可开始进行脉冲治疗。功能配备双通道治疗模式，支持 2 人同时使用，互不干扰。

（5）制造工艺：产品外壳注塑成型。

（6）使用场景：医院理疗科、康复科、卫生站、家庭、小型门诊、美容院、按摩理疗店。

（7）使用人群：老人、过劳人群和经常运动人群。

（8）支持使用人数：最多可 2 人同时使用。

5.8.3 产品改良策略

主要针对旧版整体外观效果进行分析：

（1）旧版采用转轴连接上下部件，使用过程中容易造成转轴应力集中进而导致转轴断裂，同时转轴超过一定次数的翻折或磨损会发生损坏。

（2）由于机身非一体化设计，需要模具数量较多，成本也相应增加。

（3）按键过多，所有模式都设置了一个按键，实际上经常使用的只是固定的几种模式，在一定程度上会影响使用效率。

（4）键盘中按键过多，导致机身占地面积增大。

（5）接线口位于仪器的两侧，位置较为隐秘，每次插接电线都需要寻找接线口，十分烦琐。

（6）仪器的散热部位位于机子底座，散热效果不佳，使用久了容易发热，降低仪器使用寿命。

（7）旧版黑色外观较为沉闷，外观观感较陈旧。

（8）旧版采用了笔记本的结构设计，缺少了治疗仪自身的视觉效果，品牌特性模糊，如图 5-45 所示。

（9）平躺式中频治疗仪虽然节省模具数量，但需要使用者到仪器正上方俯视查看数值，不便于使用和操作，如图 5-46 所示。

通过了解这些缺点，我们的设计策略改进如下：

（1）采用一体化设计，没有旧款的转轴断裂风险，且模具数量使用较少，外观观感效果更佳，同时也降低了生产成本。

（2）所有不常用功能模式隐藏在一个"M"的多功能按键当中，极大地缩小了按键分布面积，产品整体尺寸变小。

（3）新版的功能升级，可供 2 人同时使用，将按键分布成一边一组，数据显示清晰，操作互不干扰。

（4）将按键分布在机身斜面平台上，优化了面积的利用，进一步减少了机身的占地面积，体积优化到 240 mm（长）×160 mm（宽）× 291 mm（高）。

图 5-45 旧版设计图

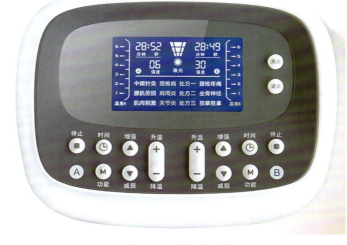

图 5-46 平躺式设计

（5）接线口位于屏幕正前方，直观且方便接线使用。

（6）仪器的散热部位位于机身背部，减少散热阻碍，延长机身寿命。

（7）采用白与灰的医疗常用色进行搭配，突显专业、整洁和稳定。

（8）采用一体成型的外形设计，以简约的圆角弧边矩形，配合背部弧线形成独特外形，专业高档，彰显品牌特性。

（9）将屏幕呈30°斜角设计（当人处于坐姿视角时，视平线在机器顶部附近时，查看屏幕的视线与水平线夹角约为30°），属于最佳眼球转动范围，达到舒适的视角，便于使用者观察屏幕数值，如图5-47所示。

5.8.4 概念设计

中频治疗仪家庭版概念手绘图如图5-48所示。

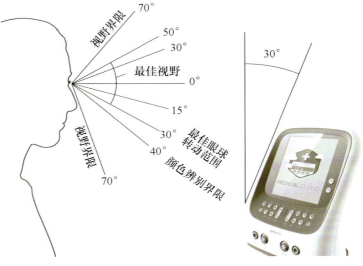

图 5-47 使用角度示意图

图 5-48 概念手绘图

5.8.5 改良产品渲染效果图

改良产品渲染效果如图 5-49～图 5-51 所示。

图 5-49　轴测效果图　　　　　　　　图 5-50　正视效果图

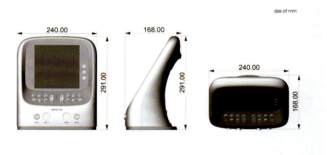

图 5-51　尺寸图

效果图展示：中频治疗仪

5.8.6 实物图

中频治疗仪实物图如图 5-52 和图 5-53 所示。

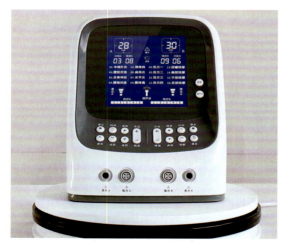 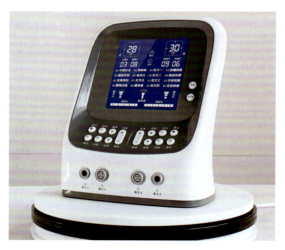

图 5-52　正面实物图　　　　　　　　图 5-53　侧面实物图

参考文献

[1] [美] 卡尔·T. 乌利齐. 产品设计与开发 [M]. 杨青，杨娜，译. 北京：机械工业出版社，2018.

[2] [美] 凯文·N. 奥托，克里斯汀·L. 伍德. 产品设计 [M]. 齐春萍，译. 北京：电子工业出版社，2017.

[3] 唐智. 产品改良设计 [M]. 北京：中国水利水电出版社，2012.

[4] 江杉. 产品改良设计 [M]. 北京：北京理工大学出版社，2009.

[5] 陈剑荣. 产品改良性设计 [M]. 北京：高等教育出版社，2009.

[6] 张展，王虹. 产品改良设计 [M]. 上海：上海画报出版社，2006.

[7] 齐斌. 空气净化器的智能化设计研究 [D]. 北京：北方工业大学，2019.

扫码了解更多相关课程